Josef H. Reichholf

Das Leben der Eichhörnchen

»Mühsam ernährt sich das Eichhörnchen« – wohl wahr. Jeder weiß, dass die kleinen Nager über den täglichen Bedarf hinaus laufend Vorräte für magere Zeiten sammeln und an geeigneten Orten verstecken. Das hält sie das ganze Jahr über ganz schön auf Trab. Mühselig ist das Unterfangen aber auch deshalb, weil sie die vergrabenen Schätze erst wieder finden müssen. Aber ob ihnen das nun gelingt oder nicht: In jedem Fall tragen Eichhörnchen mit ihrem Verhalten dazu bei, dass die Samen von Bäumen und Sträuchern an viele Plätze gebracht werden, wo sie im nächsten Frühjahr keimen und zu einem neuen Baum heranwachsen können. Sie spielen also eine wichtige ökologische Rolle.
Das Buch beantwortet alle nur denkbaren Fragen zu Bewegungsablauf, Energiehaushalt, Stoffwechsel, Nestbau, Vermehrung und vielem mehr. Und auch die anderen Vertreter der weitläufigen Hörnchenverwandtschaft werden ins Visier genommen, das körperlich überlegene Grauhörnchen etwa oder der nachtaktive Siebenschläfer.

Prof. Dr. Josef H. Reichholf, 1945 in Niederbayern geboren, Evolutionsbiologe und Ökologe, war bis April 2010 Leiter der Wirbeltierabteilung der Zoologischen Staatssammlung München und Professor für Ökologie und Naturschutz an der Technischen Universität München. Er ist Träger der »Treviranus-Medaille«, der höchsten Auszeichnung der Deutschen Biologen, und erhielt unter anderem den Grüter-Preis für Wissenschaftsvermittlung sowie den Sigmund-Freud-Preis für wissenschaftliche Prosa der Deutschen Akademie für Sprache und Dichtung. Sein Bestseller ›Rabenschwarze Intelligenz‹ wurde als »Wissenschaftsbuch des Jahres« prämiert. Er lebt im Inntal.

JOSEF H. REICHHOLF

Das Leben der Eichhörnchen

Mit Illustrationen
von Johann Brandstetter

dtv

Von Josef H. Reichholf ist außerdem bei dtv lieferbar:
›Der Ursprung der Schönheit‹

MIX
Papier aus verantwortungsvollen Quellen
FSC® C019821
www.fsc.org

Ungekürzte Ausgabe 2021
dtv Verlagsgesellschaft mbH & Co. KG, München

Illustrationen (Umschlag und Innenteil): © Johann Brandstetter
Umschlaggestaltung: Birgit Schweitzer
Gesetzt aus der Franziska
Satz: C.H.Beck.Media.Solutions, Nördlingen
nach einer Vorlage der Kösel Media GmbH, Krugzell
Druck und Bindung: Druckerei C.H.Beck, Nördlingen
Printed in Germany · ISBN 978-3-423-34997-0

Inhalt

Vorwort: Wie ich zu den Eichhörnchen kam 7

TEIL I
Wie das Eichhörnchen lebt

Eine ganz gewöhnliche Eichhörnchenbeobachtung ... 15
Ein besonderes Nagetier 22
Jede Menge Bewegung – der Energiehaushalt 30
Nester und Nestbau 40
Die Umwelten des Eichhörnchens 46
Eicheln, Zapfen, Nüsse – die Qualität der Nahrung 52
Wie und wann Junge bekommen – die Vermehrung ... 77
Buschiger Schwanz und rundes Gesicht –
die äußeren Merkmale 95

TEIL II
Die Eichhörnchen-Verwandtschaft

Weitere Eichhörnchenarten 117
Europäische Nagetiere 124
Der Biber 134
Das Grauhörnchen 144

TEIL III
Siebenschläfer – die »Nachtausgabe« des Eichhörnchens

Kurzer Blick auf Herkunft und Lebensweise der Säugetiere 167
Schmurksi, der Siebenschläfer 176
Eichhörnchen und Siebenschläfer – Herumtollen als Spiel 196
Winterschlaf – ja oder nein? 203
»Der Teufel ist ein Eichhörnle« 210

Nachwort und Dank 215
Literatur 220
Register 222

Vorwort: Wie ich zu den Eichhörnchen kam

Mit einem vom Himmel gefallenen Eichhörnchen fing es an. Eine Frau ging im Münchner Norden gerade auf den Hof hinaus, als ihr etwas Kleines vor die Füße fiel. Es war ein winziges Eichhörnchenbaby. Zwei große dunkle Kugeln am Köpfchen, die Augen, waren daran am auffallendsten. Die Haut bedeckte sie noch vollständig. Das Fell war schwach entwickelt, aber erkennbar rotbraun. Das Schwänzchen sah fast wie zu einer jungen Ratte gehörend aus. Wahrscheinlich hatte eine Krähe das Eichhörnchen im Schnabel getragen und fallen gelassen, als sie von irgendetwas erschreckt wurde, vielleicht vom unerwarteten Erscheinen der Frau. Da ließ sie wohl ihre Beute los und zog es vor, fortzufliegen. Nun lag es auf dem Hof, das winzige Ding. Es lebte. Die Frau nahm es auf und überlegte, was tun. Das Eichhörnchenbaby allein zu lassen, bedeutete den sicheren Tod, gleichgültig, ob die Krähe wiedergekommen wäre, es zu holen, oder nicht. Ein Eichhörnchennest gab es in der Umgebung keines. Die Krähe hatte das Junge wahrscheinlich in einem Wäldchen am Rand der Siedlung erbeutet. Nun lag es viel zu weit entfernt für die Eichhörnchenmutter, um es zu finden. Der Tierarzt, den die Frau anrief und um Rat fragte, erklärte, er habe keine Erfahrung, wie man mit Eichhörnchenbabys umgeht. Da fiel ihr ein, dass sie jemanden kannte, der in der Zoologischen

Staatssammlung arbeitete. Er war Schlangenspezialist. Wie man Eichhörnchenkinder großzieht, wusste er auch nicht. Er verfütterte lediglich ähnlich kleine Nager, nämlich junge Mäuse, an die Schlangen, die er in Terrarien hielt. Also riet er dazu, mich zu kontaktieren, da ich damals für längere Zeit kommissarischer Leiter der Sektion Säugetiere der Zoologischen Staatssammlung war.

Die Frau rief bei mir an, schilderte, was sich zugetragen hatte, und bat um Rat, wie sie mit dem Eichhörnchen weiter verfahren sollte. In den Jahrzehnten meiner Tätigkeit in der Zoologischen Staatssammlung erreichten mich die seltsamsten Anfragen. Ziemlich verrückte mitunter. Diese war nun eine echte Herausforderung. Nicht allein deshalb, weil ich als Ornithologe nur vertretungsweise mit den Säugetieren zu tun hatte, bis die vakante Wissenschaftlerstelle wieder mit einem Säugetierkundler besetzt worden war. Vielmehr traf mich das Telefonat emotional. Denn gut ein Jahrzehnt vorher hatte ich mich in einer ähnlichen Lage befunden. Zwei Siebenschläferbabys lagen damals vor mir in einer Schachtel und es galt, sie aufzuziehen. Eines überlebte und wurde das reizendste Tierchen, mit dem ich je zu tun hatte. An diesen Siebenschläfer, den wir Schmurksi genannt hatten, erinnerte mich der Anruf und auch daran, dass er nicht mehr lebte. Er war in einem Frühjahr nicht mehr aus dem Winterschlaf erwacht, nachdem er viele Jahre bei uns gelebt hatte. Meine Erinnerung an Schmurksi rettete nun dem Eichhörnchenkind das Leben. Es sollte auch überleben, wie jenes Siebenschläferbaby. Also erzählte ich der Dame von meinen Erfahrungen mit den Siebenschläfern, betonte aber, dass mir vergleichbare mit Eichhörnchen fehlten. Ich würde mich bemühen, alles Verfügbare in der zoologischen Fachliteratur zusammenzusuchen und für die Beratung zu verwerten. Sie könne mich jederzeit anrufen.

Akut ging es aber um Wärme und Milch für das Kleine. Aus der Erfahrung mit Schmurksi riet ich ihr, Ersatzmilch aus Babytrockenmilch zu fertigen, mit einem kleinen Vitamintropfen eines Multivitaminpräparates anzureichern und über ein Schwämmchen zu bieten. Das ist wichtig, weil die Kleinen gegen die Brust der Mutter drücken. Dieses Milchstoßen regt den Milchfluss an. Saugen können sie in dem so winzigen Zustand noch nicht richtig. Die Milch darf nicht in die Nase und weiter in die Lunge geraten. Das Eichhörnchen würde daran ersticken. Ein noch größeres Problem war die Wärme. In diesem winzigen Zustand konnte das Baby nicht einfach auf einem Heizkissen gelagert werden, außer es würde andauernd genau gemessen, ob die Temperatur passt. Tagsüber geht das eher in einem Nestchen aus schützenden Tüchern und Wärme von einem untergelegten Heizkissen. Aber nachts kann so eine elektrische Heizung sehr gefährlich werden. Außerdem musste das Kleine mehrfach in der Nacht Milch bekommen, damit es überlebt. All diesen Herausforderungen wollte sich die Frau stellen, obwohl sie absolut keine Erfahrungen mit so diffizilen Kleintieren hatte.

Sie hatte den Vorsatz gefasst: Das Eichhörnchen soll unbedingt überleben. Dafür würde sie alles auf sich nehmen. Das klang so überzeugend, dass ich ihr riet, das Baby nachts in einem Stoffsäckchen zu sich zu nehmen. So würde ihr eigener Körper diesem Winzling die richtige Wärmezufuhr garantieren. Auch das akzeptierte sie bereitwillig. Als das Telefonat beendet war, fühlte ich mich ebenso in die Pflicht genommen, alles zu tun, damit das Tierchen überlebt. Fast täglich telefonierten wir nun, ob es so richtig sei und was jetzt getan werden müsse. Nach einer Woche lebte das Eichhörnchen immer noch. Es nahm an Gewicht zu und bearbeitete die Milchquelle immer kräftiger. Die Pflegemutter stimmte das zuversichtlich. Mich freuten alle positiven Nachrichten zur Entwicklung des Eichhörnchens. »Maxi« wurde es genannt und Maxi gedieh. Die Abstände zwischen den Telefonaten wurden größer. Das war ein gutes Zeichen. Maxi lebte viele Jahre. Er wurde ein super Eichhörnchen, soweit wir dies aus unserer voreingenommenen Menschensicht beurteilen können. Er bekam andere Eichhörnchen dazu, die als Findlinge gebracht wurden, und einen geräumigen Käfig. Es hatte sich herumgesprochen, dass bei der Frau ein so faszinierend Zahmes lebte und sich so prächtig entwickelt hatte. Maxi war auf die Pflegemutter geprägt. Männer empfand er als Konkurrenten. Mit ratternden Zähnen warnend hielt er sie auf Distanz – was Mann und Sohn ebenso belustigt wie gelassen hinnahmen. Mein Beitrag beschränkte sich auf die Ersatzvaterschaft durchs Telefon. Das war aufschlussreich genug und über die Jahre Anlass dafür, mich mit den Eichhörnchen wissenschaftlich näher zu befassen – auch um sie mit ihrer »Nachtausgabe«, dem Siebenschläfer, zu vergleichen. Maxi und mein Schmurksi wurden damit zu den Begründern dieses Buches. Es ist der Versuch, die Welt der Eichhörnchen und ihrer weiteren Verwandtschaft, der Nagetiere, mit unserer eigenen in Beziehung zu setzen. Erstaunliche Parallelen tun sich dabei auf. Reizvolles und nachdenklich Stimmendes kommt zutage.

Eichhörnchen großzuziehen ist ein Wagnis, das nur wenige Menschen eingehen sollten. Artenschutzrechtlich ist es genehmigungspflichtig, tierschutzrechtlich durchaus problematisch. Seit Schmurksi und Maxi haben sich die Zeiten geändert. Die Haltung geschützter Tierarten ist sehr erschwert worden. Den frei Lebenden wird hingegen kaum Schutz zuteil. Die Entfremdung der Menschen von der Natur nimmt zu. Weil zu viel verboten worden ist, ohne dass Wirksamkeit und Notwendigkeit der Verbote überprüft werden. Wer sich aus Neigung und Interesse mit Tieren befassen möchte, gerät sofort unter Verdacht, Schaden zu verursachen. Das Tun der Naturvernichter bleibt hingegen unbeschränkt. Sie haben es politisch geschafft, von nahezu allen Bestimmungen und Beschränkungen ausgenommen zu sein. Die private Tierhaltung aus Interesse ist genehmigungspflichtig gemacht worden, die Massentierhaltung aber unterliegt keiner wirklichen Einschränkung. Ein Eichhörnchen aufzunehmen, zu pflegen oder gar großzuziehen, erfordert eine artenschutzrechtliche Ausnahmegenehmigung. Die Forstwirtschaft darf bei der Holzernte genehmigungsfrei die Nester mit den kleinen Jungen darin vernichten. Vielleicht stimmt dieses Buch auch ein wenig nachdenklich, ob ein Naturschutz, der sich gegen die Naturfreunde richtet, weiter in dieser Form aufrechterhalten bleiben soll. Oder ob es nicht längst an der Zeit wäre, dass die großen Naturschutzverbände ihr politisches Gewicht vereinen, um einen neuen, wirkungsvollen Arten- und Naturschutz zu schaffen. Einen, der die Naturvernichter trifft und nicht die Naturfreunde.

Das Buch soll aber auch eine kleine Anleitung dafür sein, das Eichhörnchen und andere Tiere auf ihren Lebensstil bezogen zu betrachten. Warum ist es so, wie es ist? Warum wirkt es auf uns Menschen so niedlich mit dem rundlichen Gesicht und dem buschigen Schwanz? Warum halten Siebenschläfer einen langen Winterschlaf, die Eichhörnchen aber nicht? Liegt es daran, dass beide Nager nur äußerlich einander ähneln, aber innerlich sehr unterschiedlich sind? Wir wollen uns das Eichhörnchen anschauen, wie es ist. Diese direkte Betrachtung führt in grundlegende Lebensvorgänge. Immer wieder ergeben sich erstaunliche Bezüge zu uns selbst. Die Eichhörnchen sind gute Wegweiser hinein in die lebendige Natur, von der wir uns in unserer virtuellen Welt immer weiter entfernen. Squirrel heißt es im Englischen sehr treffend. Ein Quirl voller Leben, so ließe sich Squirrel frei übersetzen.

TEIL I

Wie das Eichhörnchen lebt

Eine ganz gewöhnliche Eichhörnchenbeobachtung

Föhniger Spätherbstmorgen in München. Ein Eichhörnchen sitzt auf der Birke im Vorgarten, als ich aus dem Haus gehe. Fuchsrot ist es. Beleuchtet von der noch tief stehenden Sonne glänzt sein Fell rotgolden. Das Weiß der Birke verstärkt diesen Glanz. Den buschigen Schwanz hält es hoch gekrümmt zu einem S. So reicht er bis über den Kopf. Die langen Haarbüschel der Ohren sehen wie zwei Hörnchen aus. Eine Eichhörnchenposition wie im Bilderbuch. Von meinem Kommen ganz unbeeindruckt, putzt es sich die Nase. Dabei benutzt es die Vorderpfoten wie Hände. Den Grund für die Nasenpflege kenne ich. Es kleben Moos- und Rindenreste daran. Denn soeben hat es eine Haselnuss in den engen Winkel gestopft, den der Ast mit dem Stamm bildet. Eine von vielen Nüssen ist es, die es als Vorsorge für den Winter versteckt. Dabei hatte es sich mehrfach umgesehen. Offenbar wollte es sicher sein, dass niemand bemerkt, was es hier verbirgt. Wenn Schnee liegt und die Nächte frostig geworden sind, wird es die Vorräte nutzen. Die Nüsse enthalten die Energie, die es braucht, um zu überleben. Denn auch in der im Vergleich zum Wald warmen Stadt werden manche Winternächte bitterkalt.

Mich beachtet es nicht. Menschen gehören für die städtischen Eichhörnchen zur vertrauten Umwelt. Aber irgendetwas treibt das Hörnchen um. Immer wieder schaut es über die Mauer, die den Garten von Bürgersteig und Straße trennt. Der Ast, auf dem es sitzt, ist hoch genug dafür. Ich will schon gehen, da macht es einen Satz auf die gut zwei Meter entfernte Mauer, zögert für den Bruchteil einer Sekunde, hüpft auf den Bürgersteig hinab und überquert die Straße mit drei langen Sprüngen. Dabei wird es ganz dünn. Wie auseinandergezogen. Die Grünfläche vor dem gegenüberliegenden Häuserblock überspringt es so schnell, dass ich kaum mitbekomme, wo seine Pfoten den Boden berühren. Dann flitzt es einen Baum hoch, einen Ahorn mit weit ausladendem Astwerk. Für einen Moment entschwindet es meinen Blicken im Geäst. Das war's, denke ich, und will nun vollends losgehen zur Zoologischen Staatssammlung, dem Forschungsinstitut, in dem ich tätig bin.

Doch da fliegt das Hörnchen mit mächtigem Satz aus der Baumkrone auf das Haus zu. Drei Meter weit, mindestens. Mit ausgebreiteten Beinen klatscht es an die Wand und verharrt einen Moment wie angeklebt. Das sieht aus, als ob ein platt gefahrenes Eichhörnchen an die Wand geworfen worden wäre. Dann schiebt es sich ruckartig empor bis zum zweiten Stock, zuerst nur aufwärts zwischen den Balkon- und Fensterreihen. Auf der offenbar richtigen Höhe angelangt, rutscht es quer hinüber zum Balkon, der das Ziel ist. Nach wenigen Klimmzügen hat es ihn erreicht. Auf der Brüstung macht es Männchen, als ob so ein Hausbesuch das Natürlichste der (Eichhörnchen-)Welt wäre, sieht sich um und springt in den Balkon. Jetzt warte ich doch noch. Zoologische Forschung ist mein Beruf. Da darf ich warten. Eine Weile ist es beschäftigt; was es tut, sehe ich nicht. Dann kommt es wieder, eine Walnuss im Schnäuzchen, springt hinaus auf die Wand und klebt erneut einen Moment daran.

Das Eichhörnchen, ein Meister im Sprung von Ast zu Ast mit günstigem Verhältnis zwischen Körpergewicht und Sprungkraft.

Kopfabwärts rutscht es unter heftigen Zuckungen des Schwanzes Stück für Stück zu Boden. Manchmal dreht es diesen seitlich hoch wie eine Fahne. Alles macht es so gekonnt, dass mich der weitere Verlauf gar nicht mehr wundert. Etwa einen Meter über Grund zieht es den Kopf hoch, so weit dies geht, und schaut auf den Rasen hinaus. Dann schnellt es sich wie eine Feder ab, landet am Boden und saust sofort in gestreckten Sprüngen zum nächsten Baum. Diesen hinauf geht es fast mit gleicher Geschwindigkeit bis in die Krone. Dort nimmt es einen Ast auf der gegenüberliegenden Seite, springt von diesem zu einem weiteren Baum, klettert den Stamm hinab, eilt über die Straße zu unserer Gartenmauer, klettert hoch und huscht über diese hinweg zur Birke neben mir. Dort nimmt es ganz ruhig die Nuss mit den Pfoten von den Zähnen und sitzt da, als ob in den letzten Minuten gar nichts geschehen wäre. Es dreht sich die Nuss zurecht und fängt am stumpfen Ende an, sie raspelnd aufzunagen. Ich weiß, dass dies eine Weile dauern wird, denn Walnüsse sind sehr hart, auch für scharfe Eichhörnchenzähne. Es kostet einigen Aufwand, solche Nüsse aufzubekommen. Die glatten Haselnüsse machen es ihnen kaum leichter. Sie werden ja von den Walnussbäumen und den Haselsträuchern nicht als Hörnchenfutter gebildet. Je härter, desto weniger ergiebig, denke ich. Darin steckt eine wissenschaftlich interessante Frage: Wie hart müsste eine Nuss werden, damit sie von Hörnchen & Co. nicht mehr ausgefressen werden kann? Gegenfrage: Wie hart darf sie höchstens werden, damit der Keimling die Schale von innen noch durchbrechen und herauswachsen kann? Beide Notwendigkeiten stehen einander konträr gegenüber. Für Zahngröße und Zahnhärte der Hörnchen stellt sich die Problematik ganz ähnlich. Nüsse und

Eichhörnchen sind eine Geschichte wechselseitiger Anpassungen.

Aber auch andere Fragen gehen mir durch den Kopf, während ich über das Gesehene nachsinne. Warum hat das Eichhörnchen einen so extrem buschigen Schwanz? Was bedeuten die Haarbüschel an den Ohren, die »Hörnchen«? Warum sind manche Eichhörnchen rotbraun, andere dunkelbraun oder fast schwarz? Und wie bringt es ein so schlanker Körper fertig, die Kälte der Winternächte zu überstehen, ohne wie die Siebenschläfer mit stark herabgesetzter Körpertemperatur Winterschlaf zu halten? Andere Fragen beziehen sich auf uns Menschen. Warum finden wir die Eichhörnchen so nett, so herzig? Kinder insbesondere. Sie flippen vor Begeisterung geradezu aus, sehen sie eines erstmals ganz aus der Nähe. Eichhörnchen sind etwas Besonderes. Unser Empfinden wehrt sich dagegen, sie einfach als Nagetiere, als Verwandte von Mäusen und Ratten anzusehen. Sie plündern zwar auch Vogelnester. Vogelschützer wissen dies. Doch gegen die netten Hörnchen wird weit weniger zu Felde gezogen als gegen die schwarzen Krähen, die Ähnliches tun.

Zudem gibt es seltsame Sprüche im Volksmund. Die Schwaben halten den Teufel für ein Eichhörnle, heißt es. Lief eines übers Scheunendach, fürchteten die Leute in früheren Zeiten, dass eine Feuersbrunst drohte. Reimten sich die Menschen irgendetwas zusammen, weil ihnen die Zeit lang wurde und Wissen fehlte? Hatten sie Geschichten über Tiere ersonnen, um einander zu unterhalten? Oder steckt Unverstandenes in den volkstümlichen Tiererzählungen? Nicht alle Menschen waren und sind dem flinken Hörnchen wohlgesinnt, zumindest früher nicht. Für die Eichhörnchen selbst scheidet sich die Welt ganz klar in eine gute, das sind die

Städte, und eine schlechte auf dem Land. Draußen in den Wäldern sind sie vielerorts selten. Immer noch werden sie geschossen. In der freien Natur fliehen Eichhörnchen vor den Menschen auf weit größere Distanzen als vor ihren natürlichen Feinden, den Baummardern und den Habichten. In der Stadt hingegen kommen sie zu den Menschen, ihren Futterspendern. Geradezu zivilisiert verhalten sich die Stadthörnchen, wenn sie vorsichtig die Nuss von den Fingern nehmen, ohne jemals zu beißen. Täten sie dies, würden ihre Zähne tief eindringen. Sieht man ihnen zu, wie sie eine Nuss aufraspeln, wird deutlich, was ihre Nagezähne leisten können.

Wann haben Sie zuletzt ein Eichhörnchen gesehen? Wie oft sehen Sie diese kleinen Kobolde? Wo würden Sie hingehen, um Eichhörnchen zu beobachten? Die Antworten auf solche Fragen fallen höchst unterschiedlich aus, je nachdem, wo sie gestellt werden - in der Stadt oder draußen auf dem Land. Eichhörnchen kennt jedes Kind, aber keineswegs jedes sieht und erlebt sie richtig lebendig. In der Stadt gibt es viele Eichhörnchen. In großen Städten sind sie zumeist recht vertraut. Sie haben keine Angst vor den Menschen. Anders sieht es auf dem Land aus, in den Dörfern und besonders in den Wäldern. In diesen bekommt man selten Eichhörnchen zu Gesicht. Sie sind scheu. Vor Menschen fliehen sie hinauf in die Baumkronen und versuchen sich zu verstecken. Viele Kinder ländlicher Regionen kennen Eichhörnchen nur von Bilderbüchern und Comics. Viele Erwachsene werden zugeben müssen, schon lange kein Eichhörnchen mehr gesehen zu haben. Aber was ein Eichhörnchen ist, das weiß man dennoch. Es gehört zu den allbekannten Tieren unserer Lebenswelt, wie Igel, Mäuse, Ratten, Fuchs und Hase. Doch schon bei der Nachfrage, ob denn die roten und die schwarzbraunen Eichhörnchen zur selben Art oder zu zwei verschiedenen gehören, werden die Befragten unsicher. Spielt die Fellfarbe eine Rolle oder ist sie nur eine Laune der Natur? Das scheinbar so Vertraute wird rasch geheimnisvoll, sobald ein wenig nachgebohrt wird. Halten Eichhörnchen Winterschlaf? Wo verbringen sie die Nächte? Haben sie natürliche Feinde? Warum sehen wir in manchen Jahren mehr Eichhörnchen als in anderen? Wie häufig sind sie eigentlich? Nehmen ihre Bestände ab oder zu oder bleiben sie etwa gleich? Falls sie unverändert bleiben, wer oder was reguliert sie? Und wenn sie sich doch vor Feinden in Acht nehmen müssen, warum sind dann viele Eichhörnchen so auffallend rot und nicht grün, wie das Laub oder die Nadeln der Bäume, von denen sie zu den Menschen herunterkommen? Nicht nur für Zoologen sind das spannende Fragen. Sie reizen zu Forschungen. Beginnen wir mit der sehr weit gefassten Frage, was ein Eichhörnchen ist und was es von anderen, ähnlichen Tieren unterscheidet.

Ein besonderes Nagetier

Eichhörnchen sind Nagetiere und als solche mit Mäusen und Ratten verwandt. Die beiden kräftigen Nagezahnpaare im Ober- und Unterkiefer kennzeichnen sie eindeutig als Angehörige dieser artenreichen Gruppe kleiner und mittelgroßer Säugetiere. Die Nagezähne bekommen wir allerdings nur zu sehen, und das meist recht unvollständig, wenn das Eichhörnchen eine Nuss damit packt und in unserer Nähe mit dem Aufnagen beginnt. Was wir dabei nicht erkennen, ist der besondere Bau des Gebisses. Auf das Paar Schneidezähne im Ober- und im Unterkiefer folgt nämlich eine große Lücke, in der es keine Zähne gibt. Sie reicht nach hinten bis zu den Backenzähnen. Wäre unser Gebiss von Natur aus so gebaut, könnten wir zwar nagen, mehr schlecht als recht allerdings, weil unsere Schneidezähne dafür deutlich zu kurz geraten sind, und auch mit den Backenzähnen noch kauen, aber nicht richtig abbeißen. Sollten wir Eckzahn und Vorbackenzähne einbüßen und so eine Lücke nach den Schneidezähnen bekommen, lassen wir uns vom Zahnarzt eine entsprechende Brücke fertigen, damit unser Gebiss wieder voll funktioniert.

Eichhörnchen haben keine solchen »Brücken«. Sie brauchen diese auch nicht. Ihr Gebiss wirkt anders und im Hinblick auf harte Nüsse weitaus besser als unseres. Die Lücke zwischen den Schneide- und den Backenzähnen benötigen sie sogar, um die Nahrung richtig bearbeiten zu können. Denn sie packen mit den oberen Schneidezähnen zu und nagen mit den unteren Stück für Stück ab. Der fest am Schädel verankerte Oberkiefer bildet das Widerlager. Beweglich, also zum Nagen fähig, ist nur der Unterkiefer. Das Verwertbare, die eigentliche Nuss, zermalmen sie dann ähnlich wie wir mit den Backenzähnen. Mit unseren Schneidezähnen könnten wir keine Hasel- oder Walnuss knacken. Eichhörnchen tun dies hingegen sehr erfolgreich. Das liegt daran, dass ihre Schneidezähne, die oberen wie die unteren, einen großen Bogen machen und weit hinten in der Nähe der Backenzähne im Kieferknochen ansetzen. Dadurch wirkt das Nagergebiss wie eine Kneifzange. Der Druck, den die Kaumuskeln auf die Spitze der Schneidezähne übertragen können, ist gewaltig. Von Eichhörnchen sollte man sich nicht beißen lassen. Die Nagezähne gehen tief; tiefer als man es dem netten Mäulchen zutrauen würde.

Das gilt jedoch nicht allein für das Eichhörnchen, sondern für seine ganze, recht umfangreiche und vielgestaltige Verwandtschaft, die Nagetiere. Diese bilden eine sogenannte Ordnung (Rodentia) unter den Säugetieren; die bei Weitem artenreichste sogar. Global gibt es mindestens 2280 verschiedene Arten von Nagetieren, wahrscheinlich einige mehr, denn längst sind noch nicht alle Arten entdeckt. Beim gegenwärtigen Kenntnisstand machen sie damit fast die Hälfte aller existierenden Säugetierarten aus. Nagetiere sind also sehr erfolgreich. Ihr besonderes Gebiss war und ist die Grundlage für diesen Erfolg. Das Spektrum der Nagetiere reicht von winzigen Mäusen mit nur wenigen Gramm Körpermasse (Gewicht) bis zum Biber *Castor fiber*, der mit bis über 30 Kilogramm Höchstgewicht größten bei uns vorkommenden Nagetierart, und zum weltweit größten Nager, dem südamerikanischen Capybara *Hydrochoerus hydrochaeris*, auch Wasserschwein genannt, das über 50 Kilogramm schwer werden kann. Das größte Nagetier übertrifft die kleinste Maus also um mehr als das Zehntausendfache. Es ist das Gebiss, das die Nagetiere ganz allgemein und unser Eichhörnchen speziell kennzeichnet und biologisch auszeichnet. In den Mund schauen lassen wird es sich deshalb nicht, auch dann nicht, wenn es ganz zahm ist, weil das Kontrollieren der Zähne in Nagerkreisen nicht üblich ist. Erforscht und bekannt sind die Zahnverhältnisse ohnehin gut genug. Darum hier nur noch ein kleiner, aber bedeutsamer Nachtrag: Die Nagezähne, die mit scharfer, schräger Kante gegeneinander wirken, werden bei der Bearbeitung von so hartem Material wie den Schalen von Nüssen durchaus abgenutzt. Das macht aber nichts. Die Abnutzung hält sie geschärft. Sie wachsen nämlich beständig nach und müssen daher sogar andauernd abgenutzt werden. Sonst würden sie aneinander vorbeiwachsen und alsbald verhindern, dass Eichhörnchen, Mäuse oder Biber überhaupt noch nagen könnten. Wer um die abgenutzten Schneidezähne von Pferden weiß, an deren Zustand die Kenner ziemlich leicht das wahre Alter erkennen, obwohl sie etwas nachgeschoben werden, sieht den Vorzug stets nachwachsender Zähne umso deutlicher. Ganz zu schweigen von unseren eigenen Zahnproblemen. Von selbst nachwachsende Zähne, das wär's doch!

Das Gebiss charakterisiert das Eichhörnchen jedoch nur allgemein als Nagetier. Es ist seine Statur, an der wir es auf den ersten Blick von Mäusen, Murmeltieren oder Bibern unterscheiden. Die Reihung ›Mäuse-Murmeltiere-Biber‹ ist absichtlich gewählt, weil sie die Zunahme der Körpermasse als

Trend in der Welt der Nagetiere ausdrückt. Die Maus und ihre größere Version, die Ratte, stellen in den Körperproportionen ziemlich gut einen »Mittelwert« dar; gleichsam den Prototyp des Nagetiers. Murmeltiere, Hamster oder die vielen Kindern vertrauten, aus Südamerika stammenden Meerschweinchen sind dicklicher und kompakter gebaut. Es fehlt ihnen die mäusische Geschmeidigkeit beim Laufen, Klettern oder Springen, die es Katzen ziemlich schwer macht, sie zu fangen. Der Biber schließlich ist so kompakt gebaut, dass wir sein Gewicht in aller Regel unterschätzen. Ausgewachsen übertrifft er die meisten Rehe deutlich. Klar, dass er mit dieser schweren Masse nicht auf Bäume klettern kann. Das können Murmeltiere und Hamster auch nicht. Sie bleiben auf dem Boden und legen sich darin ihre unterirdischen Wohnungen an. »In den Boden hinein« ist ein bedeutender Anpassungstrend unter den Nagetieren.

Doch bevor wir einen Blick auf andere Nager werfen, zurück zum Prototyp, zur Maus. Stellen wir uns vor, sie würde stärker in die Länge gezogen, bekäme längere Haare im Fell und besonders stark entwickelte am Schwanz. Dann entstünde ein Nagetier, das im Aussehen ziemlich gut dem Eichhörnchen entspricht. Alles an ihm, fast alles, schränken wir vorsichtshalber ein, ist gestreckt und schlank geworden. Für den Kopf gilt das nicht. Er ist weniger spitz als der Mäusekopf, eher rundlich. Das macht das Eichhörnchengesicht so nett. Mit dem schlanken Körper kann es bestens klettern. Die Hörnchen, so die Gruppenbezeichnung für die engere Verwandtschaft unseres Eichhörnchens, haben sich im Laufe ihrer Entwicklungsgeschichte den Lebensraum der Bäume erschlossen. Sie sind perfekte Kletterer geworden; die besten unter den Nagetieren. Sogar kopfabwärts können sie klettern. Recht flott sogar. Blitzschnell springen sie mitunter ab. Ein Baumstamm ist für sie wie eine Straße ohne Hindernisse. Es macht nichts, dass sie in die Höhe führt. Zudem können Hörnchen gut und erstaunlich weit springen. Sie machen richtige Sprünge, keine Hüpfer, wie Mäuse und Ratten. Im Eichhörnchen fügen sich die uralten Mäuseeigenschaften und die spezielle Lebensform der kletternden Hörnchen in besonderer Weise zusammen. Sie sind »Maus« oder »Ratte« im allgemeinen Sinn, aber dieses Mäusische ist verbunden mit den neuen Eigenschaften der Hörnchen. Sehen wir uns einige dieser Besonderheiten etwas genauer an.

Eichhörnchen sind schlank. Ausgestreckt messen sie von der Nasenspitze bis zum Schwanzansatz 18 bis 27 Zentimeter. 14 bis 20 Zentimeter Schwanzlänge kommen dazu. Sie wiegen ausgewachsen 200 bis 400 Gramm. Damit sind sie etwa so groß wie eine Wanderratte, die aber mit bis zu einem halben Kilogramm deutlich schwerer werden kann. Anders als beim Eichhörnchen ist der Schwanz der Ratten so spärlich behaart, dass er nackt wirkt. Daran liegt es offenbar, dass Ratten für viele Menschen ziemlich abstoßend aussehen. Wie räudig. Genau das Gegenteil ist beim Eichhörnchen der Fall. Sein fast körperlanger, buschig behaarter Schwanz wirkt besonders nett. Vielleicht verbinden die Menschen mit dem nackten Rattenschwanz instinktiv Krankheit, weil räudigen Tieren die Haare ausgehen. Jedenfalls ist der Ratten- oder Mäuseschwanz gewöhnungsbedürftig, zurückhaltend ausgedrückt, zumal wenn er sich schlängelnd bewegt, während wir den Schwanz des Eichhörnchens gerade dann so putzig finden, wenn es ihn s-förmig hält oder nach vorn über den Kopf schlägt. Ist er lang und dicht beharrt, ist das Hörnchen gesund. Das schließen wir automatisch.

Nackt sind auch die Ohren der Ratte, hübsch behaart und keck wirken die des Eichhörnchens. Mit diesen drückt es Stimmungen aus, die auch wir sogleich verstehen. Gespannte Aufmerksamkeit zum Beispiel, oder Angriffsbereitschaft, wenn ein anderes Eichhörnchen zu nahe kommt, aber Abstand halten sollte. Das Fell spricht uns farblich an mit hellem Fuchsrot oder mit dunklem Braun. Es gibt auch fast schwarze Eichhörnchen und silbergraue in Nordasien. Stets bleiben aber Brust und Bauch hell bis weiß. Mit diesen Fellfarben kommt es unseren Vorlieben entgegen. Das dunkle Mausgrau oder das stumpfe Rattenschwarz gefallen uns nicht. Hellbraune oder rötlich braune Mäuse mögen wir lieber, wie etwa die Waldmaus und die Gelbhalsmaus, die es im Winter in unsere Häuser zieht. Zum Aussehen des Eichhörnchens sind noch die glänzend schwarzen Augen anzumerken, die besonderen Charme verleihen, wenn es uns ansieht. Weil das Gesicht kurz und eher rundlich ist, nicht spitz, wie bei einer Ratte. Deshalb ist bei den Eichhörnchen der Geruchssinn bei Weitem nicht so ausgeprägt wie bei den Ratten. Es gilt die Regel: je kürzer die Schnauze, desto schwächer der Geruchssinn. Und umso bedeutungsvoller sind die Augen für die Orientierung in der Welt. Wie bei uns Menschen. Zudem beeindruckt es uns mit den Vorderpfoten, die das Eichhörnchen wie Händchen benutzt, um sich die Nuss zurechtzulegen, diese zu halten oder etwas zu ergreifen. Mäuse und Ratten können dies zwar auch, doch längst nicht so geschickt. Huschen sie draußen irgendwo an finsterer Stelle herum, bemerken wir ohnehin nicht, was sie mit den Vorderpfoten tun. Zahme Ratten oder Mäuse überraschen daher oft mit ihrer Geschicklichkeit. Klettern sie auf der Hand, spüren wir deutlich, wie sie mit ihren Zehen zufassen. Aber alle Bewegungen verlaufen nicht annähernd so hektisch wie bei den Eichhörnchen.

Diese sind auch viel beweglicher. Ihren Körper scheinen sie beliebig verdrehen zu können. Gerade so, als ob ihr Rücken anstelle der festen Wirbelsäule einen Gummistab enthielte. Sie können sich zur Kugel zusammenrollen und Kopf und Gesicht mit dem Schwanz komplett zudecken oder sich ausstrecken auf volle Länge. Dann werden sie von der Spitze der Vorderpfoten bis zum Schwanzende glatt über einen halben Meter lang. Sie flitzen stammauf und stammab, hüpfen mit meterweiten Sprüngen über den Boden, klettern Wände hoch und überbrücken Baumkronen mit weiten, fast gleitflugartigen Sprüngen. Auf Ästen, zumal auf dünnen, balancieren sie ungemein geschickt. Selten einmal passiert es, dass ein Hörnchen abstürzt. Dann mindern die ausgebreiteten Beine und der platt gemachte Körper den Aufprall auf einem tieferen Ast, im Gezweig eines Busches oder auf dem Boden so gut, dass es kaum jemals zu Verletzungen kommt. Für unser Empfinden sind die Eichhörnchen Tausendsassas: immer munter, unternehmungslustig, stets neugierig und wenig furchtsam. Wer oder was sollte sie auch in Gefahr bringen in ihrer komplexen Welt der Baumkronen, von der sie sich nur in der Sicherheit der Großstädte auf den Boden hinunter ein Stück weit wegbewegen? Möchte man meinen. Die Wirklichkeit sieht anders aus. Sie fallen Habicht und Mardern zum Opfer. Und auch dem Straßenverkehr. Die platt gefahrenen Eichhörnchen sehen wir in manchen Jahren in größerer Anzahl. Die Überreste, die Habichte und Marder von ihnen zurücklassen, entgehen uns. Von den Feinden und Gefahren später mehr. Zunächst müssen wir uns mit der Munterkeit befassen. An den Kosten des Lebensstils entscheidet sich das

Überleben. Das ist ein Grundprinzip, das für alle Lebewesen gilt. Auch für uns Menschen, obwohl wir das nicht gern wahrhaben wollen und meinen, ein aufwendiges Leben kostenfrei führen zu können.

Jede Menge Bewegung – der Energiehaushalt

Was uns an den Eichhörnchen so gefällt, ist tatsächlich ihr größtes Problem. Die Munterkeit kostet Energie, viel Energie. All das Hüpfen, Flitzen, Klettern und Ausprobieren, wo es etwas geben könnte, leistet der Körper nicht zum Nulltarif. Im Bereich unserer Fahrzeugmobilität messen wir die eingesetzte Energie im Spritverbrauch und den damit verbundenen Kosten der Autos. Da wissen wir, dass jede noch so kleine Strecke, die wir fahren, Kosten verursacht. Nur wenn das Auto geparkt steht, verbraucht es nichts. Darin unterscheidet es sich allerdings grundlegend vom lebendigen Säugetierkörper; von unserem wie von dem der Eichhörnchen. Da läuft der »Motor« unablässig auf einer Art hohem Standgas weiter. Er schaltet nicht ab, wenn wir uns zur Ruhe begeben. Die meisten inneren Vorgänge im Körper laufen weiter. Sie müssen weitergehen, sonst würden wir sterben. Bei den Eichhörnchen verhält es sich genauso. Sie sind Säugetiere wie wir, mit einem auf hohem Niveau geregelten, inneren Stoffwechsel. Was der Körper an Energie benötigt, wenn er sich nicht bewegt, wird Grundumsatz genannt. Im technischen Vergleich entspricht dieser zwar dem Motor im Leerlauf. Allerdings nur ziemlich grob und ganz unzureichend. Denn auch im Ruhezustand setzen Säugetiere und Vögel sehr viel Energie um für Atmung, Verdauung und viele andere innere

Vorgänge, die unablässig weiterbetrieben werden müssen. Sie können und dürfen nicht heruntergefahren werden. Das können sich nur Organismen leisten, die in ihrer Körperwärme von der Außenwelt abhängig sind. Vögel und Säugetiere zeichnen sich aber durch eine genau geregelte, hohe Körperinnentemperatur aus. Sie liegt bei uns Menschen knapp unter 37 Grad Celsius, beim Eichhörnchen variiert sie zwischen 38 und 40 Grad. 38 Grad scheinen nicht viel Unterschied zu machen. Doch wenn wir 38 oder 39 Grad haben, plagt uns bereits Fieber und wir fühlen uns krank. Bei 40 Grad wird es für uns gefährlich. Fieber ist ein Warnsignal dafür, dass in uns etwas nicht in Ordnung ist. Denn die Körpertemperatur wird sehr genau geregelt, weil nur dann alle Funktionen im Körper gut und richtig ablaufen. Dazu ein paar Angaben, die das Geschehen verständlich machen.

Pro Kilogramm Körpergewicht und Stunde brauchen wir 0,2 bis 0,4 Gramm Sauerstoff für die Aufrechterhaltung unseres inneren Stoffwechselgleichgewichts. Diesen liefert uns die Atmung, die natürlich auch in Ruhe und im Schlaf weitergeht. Das Eichhörnchen benötigt auf gleiches Gewicht bezogen das Vier- bis Fünffache. Das liegt erstens daran, dass der Verbrauch von Sauerstoff mit der Größe des Körpers zusammenhängt. Mit steigender Körpergröße wird der Bedarf pro Gramm Körpergewicht geringer, weil größere Masse weniger »geheizt« werden muss. Das Eichhörnchen braucht also allein schon deswegen weit mehr als ein Mensch, weil es so viel kleiner ist. Die Körperform kommt dazu. Ist diese kompakt, geht der Sauerstoffbedarf zurück, ist sie schlank mit viel Oberfläche, nimmt er zu. Das Eichhörnchen hat einen stark erhöhten Sauerstoffbedarf, weil es mit seinem schlanken Körperbau die Wärme schneller nach außen verliert. Wie schnell, ergibt sich aus dem Verhältnis von Körperoberfläche zur Körpermasse. Rollt sich das Eichhörnchen im Schlaf oder bei Kälte zur Kugel, verliert es am wenigsten Wärme. Die Kugelform hat die geringste Außenfläche im Verhältnis zur Körpermasse. Streckt es sich, wird die Oberfläche um ein Mehrfaches größer und der Wärmeverlust steigt an. Die Körperform beeinflusst den Wärmehaushalt damit sehr stark. Schlankheit erhöht die Beweglichkeit. Ihr Preis ist (stark) erhöhter Energieverbrauch.

Der obige Hinweis auf den vier- oder fünffach höheren Sauerstoffumsatz beim Eichhörnchen war dennoch höchst unvollständig, um den Bedarf für den Grundumsatz zu verstehen. Denn mehr Sauerstoff erzeugt nur dann mehr Wärme, wenn es im Körper geeignete Stoffe zu verbrennen gibt. Wiederum gilt dieses Prinzip für uns Menschen grundsätzlich gleichermaßen. Ein Großteil des Essens, das wir täglich zu uns nehmen, dient zu nichts anderem als zur Erzeugung von Körperwärme, weil die Kohlenhydrate, Fette oder auch die Proteine aus der Nahrung dafür – mit Sauerstoff – verbrannt werden. Hätten wir beständig eine um ein oder zwei Grad höhere Körpertemperatur, müssten wir viel mehr essen, um diese aufrechtzuerhalten. Gerade so verhält es sich beim Eichhörnchen. Es braucht recht viel und energetisch sehr gehaltvolle Nahrung für seine Munterkeit. Eichhörnchen können nicht von Blättern, Gras und Heu leben. So ein Futter wäre nicht ergiebig genug. Sie brauchen Besseres, viel Besseres, wie Nüsse, Knospen oder süße Früchte als Quelle für die Energie. So eine Ernährung mutet anspruchsvoll an, doch sie ist dem Lebensstil der Hörnchen ebenso angemessen wie für uns eine proteinreiche Mischkost aus leicht verdaulichen Nahrungsstoffen.

In dieser Feststellung verbirgt sich bereits die Antwort auf die sich aufdrängende Frage, ob es denn die Eichhörnchen nicht ruhiger angehen könnten. Würden sie nicht so hektisch herumhüpfen, könnten sie doch viel Energie sparen und mit weniger Nahrung auskommen. Klingt logisch, ist es auch, aber nur zum Teil. Die »proteinreiche Mischkost«, die wir Menschen nötig haben, erklärt, worum es auch beim Eichhörnchen geht. Zucker und Fette, die im Stoffwechsel verbrannt werden, liefern Energie für Körperwärme und Bewegung. Wer viel zu laufen, zu springen oder zu graben hat, benötigt entsprechend viel von diesen Energielieferanten. Doch aus Zucker und Fett lässt sich zwar Wärme gewinnen, aber kein Baby machen und auch keine Organe im Körper erneuern. Dazu sind Proteine, also Eiweißstoffe, nötig. Grünzeug und Früchte enthalten davon sehr wenig. Nüsse bieten, wie wir gleich sehen werden, sehr viel Energie für Bewegung, und sie enthalten auch Proteine in beträchtlicher Menge. Bei Haselnüssen sind es bis zu 14 Gramm auf 100 Gramm Nussgewicht. Oder anders ausgedrückt: Pro Gramm Eiweiß gibt es drei bis vier Gramm Fett und ein Gramm Zucker dazu. Diese Kombination macht die Nüsse so gesund. Sind sie im Herbst oder im Jahresverlauf aber knapp, werden für die Eichhörnchen auch die Proteine knapp. Sie brauchen Energie, aber insbesondere auch Proteine. Bis sie von diesen genügend aufgenommen haben, kommt zumeist ein Überschuss an Fetten und Kohlenhydraten zustande. Damit können sie sich viel Bewegung leisten und den Treibstoff, den sie darstellen, dazu benutzen, intensiv nach Proteinen zu suchen. Die Hektik, die Eichhörnchen an den Tag legen, entspricht also den Grundgegebenheiten ihrer Ernährung.

Reifen im Spätsommer die Nüsse und im Herbst oder Winter die Zapfen von Nadelbäumen mit ihren sehr energiereichen Samen, haben die Eichhörnchen keinen Engpass für ihre hohen Energieausgaben zum Bearbeiten dieser hochwertigen Nahrung zu befürchten. Was uns ungemein mühselig vorkommt, wenn das Hörnchen mit schier unendlicher Geduld eine steinharte Walnuss aufraspelt, bedeutet für den kleinen Kobold nichts weiter als ein Abarbeiten von Energieüberschuss zugunsten des Gewinns der dringend benötigten Proteine. Eigentlich ganz logisch, wenn wir darüber nachdenken. Ansonsten würden die Eichhörnchen nur dicker und fetter werden. Dass dies durchaus eine Alternative sein kann, wird später der Blick auf Siebenschläfer & Co. zeigen. Diese Schlafmäuse werden tatsächlich im Spätsommer und Herbst sehr fett – und begeben sich mit diesem Fettvorrat in einen Winterschlaf, der gut ein halbes Jahr dauert. Dieser löst zwar das Problem der Überwinterung, behebt aber nicht den Proteinmangel. Das Eichhörnchen begegnet diesem mit Zusatznahrung, die es im Frühsommer bei Vogelschützern recht unbeliebt macht: Gelege von Kleinvögeln und Jungvögel. Darin steckt Protein fast pur. Solche Nahrung ist bestens geeignet, die Weibchen in die Lage zu versetzen, Babys zu entwickeln und großzuziehen. Diese entstehen nicht aus Zucker und Fett, um das nochmals zu betonen, sondern aus Proteinen und Mineralstoffen für die Knochen des Skeletts.

Das eben grob Umrissene lohnt eine etwas vertiefte Betrachtung. Denn es gibt aufschlussreiche Übereinstimmungen zu uns Menschen, gleichwohl mit wesentlichen Unterschieden. Ein erwachsenes Eichhörnchen wiegt, wie schon festgestellt, 200 bis 400 Gramm. Das entspricht zwei bis vier Tafeln Schokolade je 100 Gramm. Warum Schokolade? Nun, sie enthält bekanntlich viel Energie, nämlich je nach Schokoladentyp etwa 17 Kilojoule (KJ) pro Gramm. Kilojoule ist eine Maßeinheit für den Energiegehalt oder den Bedarf an Energie. Sie ersetzt die ältere, aber immer noch weithin benutzte »Kilokalorie«. Wir Menschen benötigen pro Tag mehr oder weniger Energiezufuhr, je nachdem, ob wir viel körperlich arbeiten oder wenig und natürlich auch abhängig davon, wie groß/schwer wir sind. Der Bedarf für Babys mit um die sechs Kilogramm Gewicht liegt bei 3000 KJ pro Tag. Erwachsene benötigen etwa 14 000 KJ. Zwei Tafeln Schokolade könnten also ein Baby einen Tag lang versorgen (was diesem allerdings gar nicht gut täte). Um die acht Tafeln würde ein Erwachsener brauchen. Schokolade ist eine gute, weil sehr kompakte und leicht verdauliche Energiereserve für unterwegs, etwa beim Wandern. Kinder mögen Schokolade gleichsam naturgemäß. Leider fällt die Begrenzung auf ein gesundes Maß so schwer. Wir wissen zwar nicht, wie Eichhörnchen mit Schokolade zurechtkommen würden, weil der darin enthaltene Kakao für sie schädlich wirken dürfte, ähnlich wie für Hunde. Aber es gibt einen anderen, für beide Seiten bestens passenden Vergleich: Nüsse.

Mit 25 bis 28 KJ pro Gramm sind Walnüsse und Haselnüsse noch ergiebiger als Schokolade. Für Menschen bieten sie beträchtlich mehr und gesündere Energie. Lange vor den Menschen, vor Millionen Jahren bereits, spezialisierten sich Eichhörnchen auf die Nutzung von Nüssen als Hauptbestandteil ihrer Nahrung. Mag sein, dass ihnen die Menschen einst zugeschaut hatten, wie sie Nüsse aufraspelten und den Inhalt mit sichtlichem Genuss verzehrten. Vielleicht haben sie daraus den Schluss gezogen, dass Nüsse auch uns gut schmecken. Um sie zu knacken, brauchten die Steinzeitmenschen keine besonderen Werkzeuge. Ein Stein tat es auch.

Den Inhalt der Nüsse stellen die Walnussbäume und Haselsträucher allerdings nicht als Futter für Hörnchen und andere Tiere oder zur Versorgung von Menschen her. Er ist die Nahrung für den eigenen Nachwuchs, wenn die Nüsse keimen. Die Sämlinge brauchen die Proteine zum Wachsen und die Fette für die Energie, die als Triebkraft dazu nötig ist. Die Nüsse sind in sehr harte Schalen verpackt, die vor dem Gefressenwerden schützen; weitgehend, aber nicht ganz. Denn wo es so Gutes zu holen gibt, entwickeln sich Spezialisten, da sich der Aufwand lohnt. Bei der Suche und Handhabung von Nahrung ist das in unserer Überflussgesellschaft gegenwärtig nicht mehr der Fall. Aber in früheren Zeiten, als die Menschen noch als Jäger und Sammler umherzogen, lebten sie oft buchstäblich von der Hand in den Mund. Wer da aus schierer Verzweiflung Gras oder Blätter in sich hineinstopfte, war am Verhungern. Erhalten hat sich diese Tatsache in der Redewendung »ins Gras beißen«.

Auch Eichhörnchen können nicht von Gras leben, auch nicht von Blättern der Eichen und Buchen oder den Nadeln der Fichten und Tannen, in deren Kronen sie herumspringen, ihre Nester bauen und ihre Jungen großziehen. Das »Grünzeug«, wie wir es mitunter ziemlich abwertend nennen, ist als Nahrung zu unergiebig. Sogar Zuchtsorten, die wir als vitamin- und rohfaserreiche Nahrungsergänzung nutzen – wie Blattgemüse –, enthalten sehr wenig, zu wenig Proteine, kein Fett und außer Mineralstoffen, die wir tatsächlich nötig haben, nichts, was nennenswerte Mengen Energie liefern würde. Auf Portionen von 200 Gramm Blattgemüse bezogen, gibt es kaum sechs Gramm Proteine. Das ist ähnlich wenig wie in Pilzen. Um die gleiche Menge an pflanzlichem Eiweiß wie von ein paar Nüssen zu bekommen, müsste das Eichhörnchen sein eigenes Körpergewicht an Gemüse verzehren. Und mehr als das an Blättern oder Gras. Jeden Tag, wohlgemerkt. Dass es da weder klettertauglich rank und schlank noch fit für die Fortpflanzung sein könnte, wird bei so einer Überlegung offensichtlich. Selbst Maiskörner, die ziemlich reich an Stärke sind und die wir als Popkorn schätzen, erreichen im Energiegehalt nicht einmal ein Viertel der Walnüsse (auf gleiches Gewicht bezogen). Kinder können daher schier unglaubliche Mengen Popkorn futtern, ohne zu platzen. Eichhörnchen könnten dies nicht, weil dies ihren Grundbedarf nicht decken würde.

Nun enthält eine Walnuss je nach Sorte zwischen fünf und sieben Gramm Nuss, eine Haselnuss zwischen einem und knapp eineinhalb Gramm. Fünf Haselnüsse ergeben also für das Eichhörnchen ungefähr so viel »Nuss« wie eine Walnuss. Bei ihrer Ergiebigkeit lohnt diese noch schwieriger zu öffnende Nuss. Kein Wunder, dass Eichhörnchen die größeren Nüsse bevorzugen, wenn sie können. Wie wir Menschen auch.

Verdauung

Der Energiehaushalt ist etwas so Grundlegendes, dass sich die Bilanzen für Mensch und Eichhörnchen angleichen, auch wenn es äußerlich doch so große Unterschiede gibt. Dazu eine weitere überraschende Parallele. Menschen und Eichhörnchen entsprechen einander erstaunlich gut in der sogenannten relativen Darmlänge. Gemeint ist damit das Verhältnis der tatsächlichen Länge des Darms zur Körperlänge (Größe). Beim Menschen ergibt sich 7,5 als Verhältniszahl, bei Eichhörnchen etwa 9. Wie nahe beide Werte beieinanderliegen, zeigt der Blick auf die Katze (3–4), den Hund (5–6), das Schwein (14–15), das Rind (22–29) und das Schaf (27). Reine oder überwiegende Fleischesser haben einen kurzen Darm, Verwerter von Gras und dürren Pflanzen einen sehr langen. Der Hund nähert sich uns gleichsam von unten her, aus der Richtung der Fleischesser, das Eichhörnchen von oben her, von den Pflanzenverwertern mit langem Darm. Die relative Darmlänge drückt aus, dass die Eichhörnchen ähnlich wie wir »Gemischtköstler« sind und Nahrung mit hohem Energiegehalt benötigen.

Warum in der Mischung die tierische Nahrung so wichtig ist und welche Bedeutung sie für die Fortpflanzung der Eichhörnchen hat, davon später mehr.

Die relative Darmlänge drückt über ein einfaches Maß von Längenverhältnissen aus, wie leicht oder wie schwierig zu verdauen die übliche Nahrung ist, von der die betreffende Art lebt. Langer Darm bedeutet lange Darmpassage und viel Energieaufwand für die Verdauung. Wir kennen das. Ein voller Bauch macht müde, weil Magen und Darm auf Hochtouren arbeiten. Rinder mit besonders langem Darm legen sich hin zum Wiederkäuen. Auch uns tut ein Schläfchen nach dem zu üppigen Essen gut. Ein kurzer Darm erledigt hingegen die Verdauung schnell. Die Verdauungszeit geht daher mit ein in den Aufwand an Energie, der geleistet werden muss, bis der Inhalt der Nahrung zur Ernährung wird. Dass wir dabei ähnlich liegen wie die Eichhörnchen, drückt sich im Verhalten aus. Sehr deutlich sogar. Wir sind nicht nur recht beweglich für ein Säugetier von 60 bis 80 Kilogramm Körpergewicht, sondern sollten uns auch sehr viel bewegen, damit Herz und Kreislauf leistungsfähig bleiben. Darin gleichen wir tatsächlich den »munteren« Eichhörnchen, die so viel herumspringen, laufen und klettern, dass es eine wahre Lust ist, ihnen zuzuschauen. Bloß mit dem Schwimmen haben sie es nicht. Das tun sie nur, wenn es sein muss. Dass das Schwimmen mühsam ist, wenn die Beine verhältnismäßig kurz und mit zum Klettern geeigneten Krallen versehen sind, die Haare des Fells aber lang und gar nicht wasserdicht, ist geradezu selbstverständlich. Da muss man schon Biber sein, um als Nagetier mit dem Wasserleben gut zurechtzukommen. Und Schwimmhäute zwischen den Zehen der Hinterbeine haben. Dann klappt es allerdings nicht mehr mit dem Klettern.

Zusammensetzung und Verwertung der Nahrung werden uns noch beschäftigen, wenn es um die Ausscheidungen und um die Frage des Spielens geht. Hier nur so viel, dass die Exkremente umso stärker stinken, je höher der Proteinanteil in der Nahrung ist, und dass Tiere umso ausgiebiger spielen, je mehr sie beim Wachsen Proteine verbrauchen. Da geraten Fette und Zucker in den Überschuss, der abgearbeitet werden muss. Falls nicht, hat das bedeutende Folgen, wie beim Siebenschläfer. Sie münden in den Winterschlaf. Die Außentemperaturen wirken sich immer auf den Energiehaushalt aus. Je kälter es ist, umso mehr muss der Stoffwechsel nachheizen. Eichhörnchen sind fast immer wärmer als ihre unmittelbare Umgebung, außer die Lufttemperatur nähert sich den 40 Grad. Da werden sie träge. Sie halten sich möglichst im Schatten auf. Ihre Tagesaktivität beschränken sie auf die kühlen Stunden des Morgens und Vormittags. Zu hoher Wärme können sie auch damit ausweichen, dass sie sich in eine Baumhöhle zurückziehen und darin Siesta halten. Oder in ein selbst gebautes Nest hoch oben in den Baumkronen.

Nester und Nestbau

Im Leben der Eichhörnchen sind Nester sehr wichtig. Sie bauen davon gleich mehrere und sie benutzen auch Baumhöhlen zum Schlafen oder um darin Junge zur Welt zu bringen. Nester sind typisch für Nagetiere. Ähnlich typisch wie für Vögel, die wir für die wahren Nestbaukünstler halten. Diese Einschätzung beruht allerdings darauf, dass für unsere Augen die Nester von Mäusen und anderen Nagetieren meistens viel besser verborgen sind als Vogelnester und oft sogar unterirdisch angelegt werden. Wurde früher, als noch traditionell gewirtschaftet wurde, ein Feldmausnest mit dem vom Pferd gezogenen Pflug ausgeackert, freuten sich die Bauern, weil dadurch der Nachwuchs dieser Schädlinge ums Leben kam. Wie das Nest tatsächlich aussah, interessierte nicht. Mit einer Ausnahme. Im Osten, von der Wiener Gegend ostwärts, kommt eine Maus vor, Ährenmaus *Mus spicilegus* genannt, die in ihrem komplexen Bodennest eine große Kammer mit Getreidekörnern anlegt. Ein ganzes Kilogramm und mitunter mehr Körner speichert sie darin. Diesen Vorrat zu plündern, lohnte für Menschen in schlechten Zeiten. Ansonsten waren die nahe mit den Hausmäusen verwandten Ährenmäuse wie die ähnlich hamsternden Hamster einfach als Schädlinge verhasst. Dass derzeit Hamstervorkommen größere Bauvorhaben aus Artenschutzgründen verhindern oder verzögern können, liegt am Überfluss unserer Zeit. Noch vor einem halben Jahrhundert hätten die Bauern ein derartiges Ansinnen für verrückt gehalten. Viele tun das sicher weiterhin. Doch nach gegenwärtiger Sichtweise soll der Hamster als sehr selten gewordene Art in unserer Natur erhalten bleiben. Seine weitläufigen unterirdischen Wohnungen sind gemäß den geltenden Artenschutzverordnungen tabu.

Für die Nester der Eichhörnchen gilt dieser Schutz an sich gleichermaßen. Sie sind leicht zu finden, wenn sie als richtiges Nest irgendwo in einer Baumkrone angelegt wurden. Nach dem Laubfall im Spätherbst fallen sie als sperrige, fußballgroß kugelige Gebilde im Geäst weithin auf. Die Eichhörnchen fertigen ihre Nester besser und dichter mit dünnem Gezweig als die Elstern, deren Nestkugeln zwar ähnlich, aber viel unordentlicher aussehen. Äußerlich nicht erkennbar, ist die innere Auspolsterung mit Halmen und feinerem Material. Kalt und zugig, bei starkem Regen auch nass wird es dennoch in diesen Kobeln, wie die Nester der Eichhörnchen auch genannt werden. Eine geräumige, hinreichend dichte Baumhöhle bevorzugen sie als Wohnraum, wenn sie eine solche finden. Doch Baumhöhlen passender Größe sind rar. Sie haben zudem schwerwiegende Nachteile. Da ist erstens die Konkurrenz, denn andere Tiere beziehen auch gern Baumhöhlen. Käuze vor allem, und Waschbären, wo diese vorkommen. Allerdings mangelt es draußen in den Wäldern fast überall an größeren Baumhöhlen, weil in Wirtschaftsforsten die Bäume nicht alt und höhlenreich werden dürfen. Die wenigen geduldeten Ausnahmen, die die Forstwirtschaft zugunsten des Artenschutzes macht, decken den tatsächlichen Bedarf bei Weitem nicht. Ein dritter Umstand kommt hinzu. Größere Baumhöhlen können Marder, die bedeutendsten Feinde der Eichhörnchen, leicht kontrollieren. Sitzt das Hörnchen drin, vielleicht mitsamt den Jungen, steckt es in der Falle. Die schlechteren, selbst gebauten Kugelnester auf dünnem Gezweig in Baumkronen sind sicherer. Marder können sie meistens nicht erklettern, weil sie zu schwer dafür sind. Das Schwanken der Äste unter ihrem Gewicht verrät zudem rechtzeitig den Annäherungsversuch, sodass die Eichhörnchen fliehen können. Nester haben außerdem generell den Nachteil, dass sich Plagegeister, wie Flöhe und Milben, darin gut halten und entwickeln können. Eichhörnchen tragen einen nur auf ihnen vorkommenden Floh. Seine Larven wohnen in den Nestern. Auch Zecken befallen die Hörnchen, vor allem der ebenfalls an Menschen saugende Holzbock *Ixodes ricinus.* Sehr lästig wird der Befall der Haut mit Milben, insbesondere wenn die Eichhörnchen schon anderweitig geschwächt sind. Die Milben verursachen einen beständigen Juckreiz. Das wärmende Nest hat also durchaus seine Schattenseiten. Einfach ist das Leben dieser Kobolde gewiss nicht. Das erkennen wir, sobald wir uns etwas näher mit ihnen befassen. Ihre Munterkeit drückt auch aus, dass sie ständig wachsam sein müssen. Gefahr kommt von den Krähen, die ihre Nester oben in den Baumkronen zerpflücken, um an die Jungen zu kommen.

Um so eine Nestplünderung hatte es sich wahrscheinlich gehandelt, als ›Maxi‹, das Eichhörnchenkind, vom Himmel fiel. Wären die kleinen Eichhörnchen in einer tiefen Baumhöhle gewesen, hätten sie von der Krähe nicht erbeutet werden können. Dafür aber umso leichter vom Baummarder, außer der Eingang zur Höhle hätte gerade zum Durchschlüpfen für das Eichhörnchen gepasst, nicht aber für den etwas dickeren Marder. Einen guten Platz zum Schlafen in der Nacht oder eine sichere Kinderstube zu finden, ist alles andere als leicht.

Daher ein kurzer Blick auf die weitere Verwandtschaft der Eichhörnchen und ihre Formen von Nestbau. Allein schon die Unterschiede in der Größe fallen beträchtlich aus. Ein gewöhnliches Mäusenest, wie es Feldmäuse der Gattung *Microtus* im Boden fertigen, ist nur gut faustgroß. Das gleichfalls unterirdische Nest des Hamsters *Cricetus cricetus* entspricht schon der Größe von drei oder mehr Fäusten. Ein Murmeltierbau ist geräumig genug für eine ganze Familie dieser großen »Erdhörnchen«, die drei bis acht Kilogramm schwer werden. Der Kessel, in dem sie metertief im Boden einer Bergwiese überwintern, muss Platz für bis zu vierzig Kilogramm Murmeltiergesamtgewicht bieten und Raum zum Atmen dazu. Ein Kind könnte darin Platz finden. Noch größer baut der Biber seine Burg. Der zentrale Wohnraum gibt Platz für eine ganze Biberfamilie, die an die hundert Kilogramm Lebendgewicht ausmachen kann. Dazu sind Kammern angelegt, in denen die Biber von Zeit zu Zeit die Rinde von mitgebrachten Zweigen abnagen. Nach außen führt eine Röhre von rund 30 Zentimeter Durchmesser. Sie ist u-förmig angelegt und mündet unter Wasser. In großen Biberburgen hat ein kleiner Mensch durchaus Platz. Das Eichhörnchen liegt mit seinem gut fußballgroßen Nest im mittleren Größenbereich. Aber da die größeren Nagerarten unterirdisch bauen, führt es bei uns unter den Nagetieren die Größenklasse der Freinester an. Zum kleinen Ende reicht das Spektrum bis zu den winzigen Nestkugeln der Zwergmäuse *Micromys minutus,* die nur noch einer Kinderfaust entsprechen. Haselmäuse *Muscardinius avellanarius,* die kleinsten Verwandten der Siebenschläfer, bauen etwas größere, stärker mit Laub abgedichtete Nester. Auch Rötelmäuse *Clethrionomys glareolus,* echte Mäuse der Wühlmausgruppe, fertigen häufig kugelförmige Nester im Gestrüpp dicht über dem Boden. Nester zu bauen, gehört also zu den Grundfertigkeiten der Nagetiere. Sie können dies, weil sie ihre Vorderpfoten so geschickt wie Hände benutzen.

Die Form der Nester und ihre Lage unter oder über der Erde sind zwei Aspekte von Bedeutung, die Schutzwirkung vor Kälte und Nässe kommt als weitere Funktion hinzu. Bodennester bleiben das ganze Jahr über temperiert, insbesondere wenn sie in frostsicherer Tiefe angelegt sind. Wiederum sieht das zunächst sehr vorteilhaft aus. Doch nicht selten passiert es, dass Starkregen den Boden plötzlich fluten oder Hochwasser diesen sogar länger anhaltend überschwemmen. Da ist es besser, in sicherer Höhe über dem Boden gebaut zu haben und in etwas wasserdurchlässigen Nestern zu sitzen. Das Warmhalten oder das Wiederaufwärmen der in der Nässe klamm gewordenen Körper kostet zwar zusätzliche Energie, erhält aber das Leben. Eingeschlossen in sicheren unterirdischen Kammern kann man als Maus, Ziesel oder Murmeltier der Steppe (*Marmota bobak*) ertrinken. Das Leben erfordert Kompromisse. Die absolut beste Strategie gibt es nicht, sondern immer nur die unter den gegebenen Umständen verhältnismäßig günstigste. Ganz allgemein gilt, dass das zeitweilige Leben in Nestern viel Energie einspart, weil diese ähnlich einer isolierenden Kleidung den Abfluss von Körperwärme an die Umgebung dämpfen. Ganz wichtig ist dies bei der Aufzucht von Jungen, wenn die Mutter sie von Zeit zu Zeit verlassen muss, um selbst Nahrung aufzunehmen oder sich der Endprodukte ihres Stoffwechsels zu entledigen. Können die Jungen nicht für eine gewisse Zeit allein in einem Nest bleiben, weil kein solches gebaut wird, müssen sie sehr weit entwickelt geboren werden – wie die Rehkitze oder die Kälbchen. Kurz nach der Geburt stehen sie auf eigenen Füßen und folgen der Mutter. Sie sind schon so groß, dass sie genug eigene Körperwärme erzeugen und nicht gewärmt werden müssen. Wiederum hat dieses hohe Maß an Selbstständigkeit den Nachteil, dass die Mutter nur ein Junges, allenfalls noch Zwillinge und ganz ausnahmsweise Drillinge gebären kann. Sind die Jungen aber bei der Geburt klein, wie beim Eichhörnchen, darf ihre Zahl größer werden. Geht alles gut, überleben aus einem Wurf dann vielleicht vier oder fünf Eichhörnchen, nicht bloß ein Kitz wie beim Reh oder ein Kälbchen wie bei der Kuh. Wir werden bei der weiteren Betrachtung des Eichhörnchens immer wieder sehen, dass es um Kompromisse zwischen Vor- und Nachteilen geht. Und dass wir wiederholt infage stellen müssen, was mit »Anpassung an die Umwelt« tatsächlich gemeint ist.

Die Umwelten des Eichhörnchens

Eichhörnchen sind besondere Tiere. Davon sind wir auf den ersten Blick überzeugt. Aber woran sind sie mit ihrem energetisch so aufwendigen Innenleben angepasst? Was ist ihre Umwelt? Das ist eine vertrackte Frage. Sogar den Spezialisten fallen darauf nur so pauschale Angaben ein wie »sie leben in Wäldern und in Städten«, um den Lebensraum der Eichhörnchen zu charakterisieren. Das einzig Gemeinsame von Wald und Stadt sind die Bäume. Eichhörnchen brauchen Bäume. Aber der Baum als Umwelt des Eichhörnchens ist gewiss zu wenig. Für Borkenkäfer mag so eine Zuteilung passen. Aber für ein Säugetier, wie das Eichhörnchen, wohl kaum. Die Angaben in Fachbüchern bleiben deshalb tatsächlich auf recht allgemeine Feststellungen beschränkt, wie: »In Waldgebieten Eurasiens. Von England im Westen über ganz Europa und Asien bis Japan und Sachalin im Osten ... Es bewohnt Wälder, Parkanlagen, Wohngebiete mit reichem Baumbestand und dringt im Gebirge bis zur Baumgrenze vor.« So kennzeichnen Martin Görner und Hans Hackethal in ihrem 1987 erschienenen, sehr gehaltvollen Buch über die Säugetiere Europas das Vorkommen des Eichhörnchens.

»In Waldgebieten Eurasiens« ist dabei so zu verstehen, dass dies der ursprüngliche Lebensraum des Eichhörnchens ist. Parkanlagen und Städte kamen für die Eichhörnchen erst in jüngerer Vergangenheit hinzu. In Wäldern und Parkanlagen leben allerdings weitere Nagerarten ihrer Verwandtschaft. Das Eichhörnchen teilt diese Umwelt mit diesen und vielen ganz anderen Tieren. Anpassungen lassen sich hieraus kaum ableiten. Dass das Klettern dazugehört, ist eine zu billige Feststellung. In Wäldern oder Parkanlagen leben Nager, die nicht oder kaum jemals klettern, sondern sich Löcher und Gänge in den Boden graben, wie das verschiedene Arten der Mäuse tun. Nicht einmal auf einen bestimmten Typ von Wald lassen sich die Vorkommen der Eichhörnchen festlegen, denn es gibt sie in einförmigen Nadelwäldern, in Laubwäldern und auch in Auwäldern, Parkanlagen und sogar in Wohnsiedlungsgebieten, wenn diese wenigstens einige größere Bäume enthalten. Im zentralen Nordasien bewohnen Eichhörnchen die Urwälder der Taiga, in Nordostasien naturnahe Laubmischwälder. Das klingt nach Tausendsassa und macht es eher noch schwerer, die Umwelt zu charakterisieren, an die Eichhörnchen angepasst sein sollen. Oder sind sie das vielleicht gar nicht so sehr, weil sie so locker hineinwechselten in die vom Menschen ganz neu gestaltete Welt der Städte? Für Ökologen, die das sogenannte Habitat einer Tierart wissenschaftlich zutreffend beschreiben möchten, sind die Eichhörnchen ein Albtraum. Denn es gilt dabei noch etwas zu berücksichtigen, nämlich die enorme Größe der geografischen Verbreitung. Das Eichhörnchen kommt vom europäisch-atlantischen Westen durch Nordasien bis in den Fernen Osten vor und von Gegenden, die auf Meeresniveau oder nur wenig darüber liegen, bis weit hinauf in die Hochgebirge. Dieses riesige geografische und landschaftliche Areal entzieht sich einer klimatisch-ökologischen Eingrenzung. »Vorkommen überall« in Europa, Nord- und Zentralasien wäre als wissenschaftliche Kennzeichnung noch vager als »an Wald angepasst«. Allenfalls können wir festhalten, dass es viele örtliche und regionale Umwelten gibt, in denen Eichhörnchen leben können.

Dieser Befund beinhaltet eine schier unglaubliche Spannweite von Temperaturen, denen die Eichhörnchen in ihrem Verbreitungsgebiet ausgesetzt sind. Sie reicht von drückender Sommerhitze mit an die 40 Grad Celsius Lufttemperatur bis zu klirrendem Frost. 70 Grad Celsius oder mehr kann der Unterschied im Jahresverlauf betragen. Dies allein schon nötigt uns Bewunderung ab, ist das Eichhörnchen doch ein recht kleines Tier, das eher sensibel als besonders robust wirkt. Die Bäume benutzt es zum Klettern, unabhängig davon, um welche Baumarten oder Waldtypen es sich handelt. Niederschläge muss es in Form von Sturzregen aus heftigsten Sommergewittern ebenso aushalten wie Schneesturm, Blitzeis und was es sonst noch an Unbilden der Witterung zwischen England, Sibirien und Japan gibt. All dies zu berücksichtigen überfordert die üblichen ökologischen Konzepte wie die »ökologische Nische«, die jede Art hat und in der sie lebt. Übrig bleibt lediglich die Gegebenheit, dass es großklimatische Begrenzungen gibt, weil die Eichhörnchen nicht im asiatischen Tropenwald leben. »Unsere Eichhörnchen«, muss einschränkend hinzugefügt werden, denn in diesem kommen andere, verwandte Hörnchenarten vor. Manche sind so groß oder größer wie Marder und damit recht eindrucksvoll. Davon später mehr.

Allerdings vermitteln scheinbar klare Begriffe, wie »ökologische Nische«, nicht nur beim Eichhörnchen, sondern bei vielen Arten unzutreffende Vorstellungen. Die Lebewesen haben keine nischenartig festen Plätze in der Natur, in denen sie vorkommen, weil sie daran angepasst sind. Das hatte man sich nur in der Frühzeit der Ökologie so vorgestellt, als diese noch eine mehr oder weniger beschreibende Wissenschaft war, keine analytische, wie sie dies längst geworden ist. Ökologische Nischen sind vielmehr als die unterschiedlichen Fähigkeiten der verschiedenen Lebewesen zu verstehen. Sie können überall dort leben, wo ihre Fähigkeiten passen. Das »Waldtier« Eichhörnchen kann das auch in der Stadt. Die ökologische Nische wirkt nicht wie ein Schloss, das über einen passenden Schlüssel aufgemacht wird und einen speziellen Lebensraum eröffnet. Die Umwelt gibt nichts Derartiges vor. Die Anpassung stellt das Gesamtergebnis der Lebenstätigkeiten dar. »Unterm Strich«, das heißt in der Bilanz zwischen Einsatz und Gewinn von Energie, muss das Ergebnis positiv ausfallen - langfristig. Nur dann kann die betreffende Art unter bestimmten Verhältnissen dauerhaft existieren. Auf das Eichhörnchen bezogen bedeutet dies, dass es das ganze Jahr über ausreichend energiereiche Nahrung finden muss, um das Feuer seines Innenlebens aufrechterhalten zu können, und dazu genügend eiweiß- und mineralstoffreiche Nahrung, damit die Fortpflanzung gelingt. Wälder erfüllen diese Grundbedingungen mit den Samen und Früchten von Bäumen und Sträuchern - auch Städte. Diese sind sogar besser als Wälder. Weil die Wirtschaftswälder, die Forste, den Eichhörnchen unter heutigen Verhältnissen weit weniger Nahrung und Sicherheit bieten als der Siedlungsraum der Menschen. Wir sehen dies an der Häufigkeit der Eichhörnchen. In Städten mit großen Parkanlagen kann sie um ein Mehrfaches höher liegen als in Laubwäldern und bis zum Zehnfachen über das Niveau einförmiger Nadelwälder steigen. Somit ist es eigentlich ganz normal, dass wir in den Städten mehr Eichhörnchen antreffen als draußen in den Wäldern. Welchen Einfluss dabei natürliche Feinde wie Habicht und Marder haben, wird in einem anderen Zusammenhang erläutert.

Greifen wir hier aber noch einen weiteren, ganz wichtigen Befund heraus: Die Größe des geografischen Verbreitungsgebietes und die Vorkommen in den unterschiedlichsten Waldtypen bedeuten, dass das Eichhörnchen eine flexible Art sein muss. Es ist nicht abhängig von eng umgrenzten Umweltbedingungen. Diese Flexibilität prädestiniert Arten wie das Eichhörnchen zum Wechsel in die Menschenwelt. Ähnlich wie die beiden in Europa vorkommenden Rattenarten und verschiedene Mäuse wurde es »Kulturfolger«. Die Bezeichnung allein erklärt natürlich nicht, warum manche Arten zu Kulturfolgern geworden sind, viele andere aber nicht. Die genauere Betrachtung des Lebens der Eichhörnchen offenbart, warum sie sich, wie auch Ratten und Mäuse, der Menschenwelt angeschlossen haben. Zentraler Punkt ist die Nahrung, die sie nutzen. Was sie zum Leben brauchen, entspricht weitgehend dem, wovon auch wir leben. Aber die Eichhörnchen sind beschränkter als Ratten und Mäuse, die fast alles verzehren würden, was wir Menschen essen und bevorratet halten. Daher gelten Ratten und Mäuse seit Jahrtausenden als Schädlinge. Global verzehren sie Nahrungsmengen, von denen Millionen Menschen leben könnten, und machen noch mehr durch Verschmutzung mit ihrem Kot ungenießbar. Das Eichhörnchen überschritt die Schadensschwelle nie; allenfalls ausnahmsweise unter besonderen Umständen. Deshalb ist es so beliebt. Nur mancherorts betrachten es Forstleute als Schädling, weil es junge Triebe und Triebspitzen verbeißen kann, und manche (Sing-)Vogelschützer verfolg(t)en es, weil es Eier und kleine Jungvögel frisst. Zusammengefasst bedeutet dieser grobe Überblick: Die ökologische Nische des Eichhörnchens ist vor allem durch die Nahrung charakterisiert. Und nicht oder kaum durch andere Faktoren der Umwelt.

Daraus ergibt sich, dass die Eichhörnchen nicht sehr eng an ihre Umwelt angepasst sind. Die Suche nach äußeren, direkt umweltbezogenen Anpassungen bringt bei ihnen wenig. Die Betrachtung des Innenlebens, von Ernährung und Energiehaushalt, erwies sich dagegen als aufschlussreich. Ähnlichkeiten mit uns Menschen sind offensichtlich. Wir sind nicht etwa »der ganzen Welt angepasst«, weil überall auf der Erde Menschen leben. Das Gegenteil ist der Fall. Wir haben uns unter allen Lebewesen am besten vom Diktat der Umwelt emanzipiert. Die Eichhörnchen drücken mit ihrer Lebensweise eine von vielen Zwischenstufen dieser Ablösung von den äußeren Lebensverhältnissen aus. Sie sind ziemlich frei und flexibel. Das macht sie über ihr nettes Wesen hinaus so interessant. Wie das kommt, sehen wir bei der genaueren Betrachtung ihrer Nahrung.

Eicheln, Zapfen, Nüsse – die Qualität der Nahrung

»Für das Eichhorn ist das Alter der Bäume wichtiger als die artliche Zusammensetzung, da es auf Baumsamen angewiesen ist, die erst von einem gewissen Alter der Bäume an produziert werden.« Diese Feststellung aus dem *Handbuch der Säugetiere Europas* (Niethammer & Krapp 1978) charakterisiert das Eichhörnchen sehr zutreffend: Es ist in seiner Ernährung auf die Samen (Früchte) von Bäumen eingestellt. Und diese haben es in sich. Viel Energie nämlich, aber auch eine große Unregelmäßigkeit, ja Unzuverlässigkeit des Fruchtens. Beide Gegebenheiten müssen wir getrennt betrachten.

Der tägliche Nahrungsbedarf der Eichhörnchen hängt vom Ausmaß ihrer Aktivitäten und von der Jahreszeit ab. Im Frühling ist er mit etwa 80 Gramm am höchsten, weil die aktiv gewordenen Eichhörnchen nachholen müssen, was sie im Winter an Gewicht verloren haben. Viele Weibchen müssen im Frühjahr zudem Junge versorgen. Bei 300 bis 400 Gramm Körpergewicht macht der tägliche Bedarf im Frühjahr also 20 bis 25 Prozent Gewichtanteil aus. Die Nahrung sollte sehr ergiebig sein. Wie schon erläutert, würden Gras oder Blätter nicht ausreichen, den hohen Bedarf zu decken. Sie sind nicht gehaltvoll genug. Zum Sommer hin nimmt die tägliche Nahrungsmenge auf etwa 55 Gramm ab, steigt aber im Herbst wieder auf 70 Gramm oder mehr an, also fast auf das Niveau des Frühlings. Dies ist nicht allzu erstaunlich, denn im Herbst geht es um Körperfett, das ausreichend vorhanden sein sollte für die nahrungsknappe und kalte Zeit des Winters. Doch weil die Fettmenge nicht zu groß werden darf, investiert das Eichhörnchen zusätzliche Energie ins Sammeln und Verstecken von Nüssen und anderer Winternahrung. Das wirkt sich in der Energiebilanz stark aus, wird im Körpergewicht aber nicht sichtbar (anders als beim Siebenschläfer, wie wir sehen werden). Den geringsten Tagesbedarf an Nahrung hat es dann in den Monaten von November bis Januar mit nur noch 35 Gramm. Er ist deshalb so niedrig, weil das Eichhörnchen in dieser Zeit viel schläft und sich wenig bewegt. Da es weiß, wo es Nüsse oder Eicheln versteckt hat, muss es zwischen den Perioden des Ruhens und Schlafens im Winter auch nicht weit herumspringen. Mit Beginn der Paarungszeit im (Spät-)Winter steigt der Energiebedarf allerdings wieder rapide an.

Da im Winter und Vorfrühling außer den Winterknospen der Bäume und Büsche noch nichts vorhanden ist, was den Eichhörnchen als energiereiche Nahrung dienen könnte, ist es von seiner Vorratswirtschaft sehr abhängig. Davon gleich mehr. Betrachten wir vorher mit »biologischem Blick« die Samen, um die es geht. Am einfachsten sehen wir an den Eicheln, was solche »Baumfrüchte« auszeichnet. Als tönnchenförmige Gebilde mit einer kleinen Spitze steckt jede in einem napfförmigen Fruchtbecher, aus dem sie bei unseren mitteleuropäischen Eichenarten zu mehr als zwei Dritteln ihrer Größe herausragt. Die Eichel ist äußerlich glatt und hart, anfänglich grünlich. Später wird sie braun. In ihrem Innern ruht der eigentliche Samen, eingebettet in die ihn beim Keimen nährenden Stoffe, die den Großteil der Eichel ausfüllen. Auf geeigneten Boden gelangt, würde sie im nächsten Jahr keimen und, günstige Umstände vorausgesetzt, langsam zu einem Bäumchen heranwachsen. Verliefe weiterhin alles gut, könnte die neue Eiche nach etwa 80 Jahren erste Eicheln entwickeln. Bei einem Höchstalter von zehn Jahren, das Eichhörnchen erreichen können, sofern alles bestens läuft in ihrem Leben, wäre dies eine hoffnungslos zu lange Zeitspanne, darauf warten zu müssen. Sie lässt sich nur überbrücken, wenn der Wald aus Eichen unterschiedlicher Altersstadien zusammengesetzt ist. Für die weitere Fortpflanzung der Eiche selbst spielt die lange Zeit des Heranwachsens keine Rolle. Denn hat sie schließlich Alter und Größe zum Fruchten erreicht, könnte sie über die gut zehnfache Zeitspanne, 800 Jahre oder mehr, Jahr für Jahr Eicheln entwickeln. Tausende Eicheln, Zehntausende, je nachdem, wie groß die Eiche geworden ist. Ein Dutzend Eichen würden genügen, um Eichhörnchenfamilien Generation für Generation mit Nahrung zu versorgen. Den Höchstverbrauch von 80 Gramm pro Tag zugrunde gelegt, würde ein Tier knapp 30 Kilogramm Eicheln pro Jahr benötigen. Zehn Eichhörnchen, ein Paar mit acht Jungen im Verlauf eines Jahres, müssten allerdings schon die stattliche Menge von 300 Kilogramm zur Verfügung haben. Für diese Eichelmenge sind schon einige größere Eichen nötig. Eichhörnchen sind jedoch nicht die einzigen Nutzer der Eicheln. Eichelhäher, *Garrulus glandarius*, in den Bergwäldern und in der sibirischen Taiga auch Tannenhäher *Nucifraga caryocatactes*, Spechte und mehrere weitere Tierarten verzehren Eicheln. Der wissenschaftliche Artname des Eichelhähers *glandarius* bezieht sich sogar direkt auf die Eicheln (lateinisch: glans). Die größten Verluste kann aber ein kleiner Käfer verursachen, der mit seinem grotesk langen, dünnen Rüssel auffällt (sofern man ihn überhaupt bemerkt), der Eichelbohrer *(Curculio glandium)*. Sind die Eichen davon stark befallen, bemerkt man es an vielen vorzeitig abgefallenen Eicheln, die irgendwo im Mittelbereich ein rundes Loch von einem halben Millimeter Durchmesser tragen. Aus diesem war die Larve des Eichelbohrers herausgekrochen, nachdem sie die Eichel innerlich ausgefressen hatte. Da sie abfiel, kann sich die Larve des Rüsselkäfers am Boden verpuppen. Viele, sehr viele Eicheln leeren die Larven der Eichelbohrer in manchen Jahren aus. Den Eichhörnchen und Eichelhähern bieten sie als leere Hüllen nichts mehr. Ob die Eichel noch gut oder schon leer ist, merken sie am Gewicht.

Der kleine Käfer ist deshalb sehr wirkungsvoll, weil die Weibchen fliegen können, die jungen, sich entwickelnden Eicheln anbohren und mit einem Ei belegen. Sie kommen damit der anderen flugfähigen Konkurrenz zuvor, den Hähern. Diese müssen, wie die Eichhörnchen, abwarten, bis die Eicheln reif werden. Erst dann sind sie für die Eichelhäher als Nahrung nutzbar. Nicht ganz so leicht wie Nüsse, weil Bitterstoffe abgelagert werden, die die Verdauung etwas beeinträchtigen. Wir Menschen können deshalb Eicheln nicht roh, sondern allenfalls gut geröstet verzehren. Doch dann schmecken sie eher wie missratenes Kaffeepulver. Brot aus Eichelmehl war nur in Notzeiten eine Alternative. Nüsse sind ungleich besser, weil sie solche Bitterstoffe nicht enthalten. Aber sie sind auch viel härter verpackt. Durch Aufnagen der Schale an die Nuss zu kommen, erfordert von den Eichhörnchen weit mehr Einsatz von Energie, als eine Eichel aus dem napfförmigen Fruchtbecher zu lösen oder, weil schon abgefallen, diese einfach am Boden aufzusammeln. Das tun die Schweine in Eichenwäldern des Mittelmeergebietes, die im

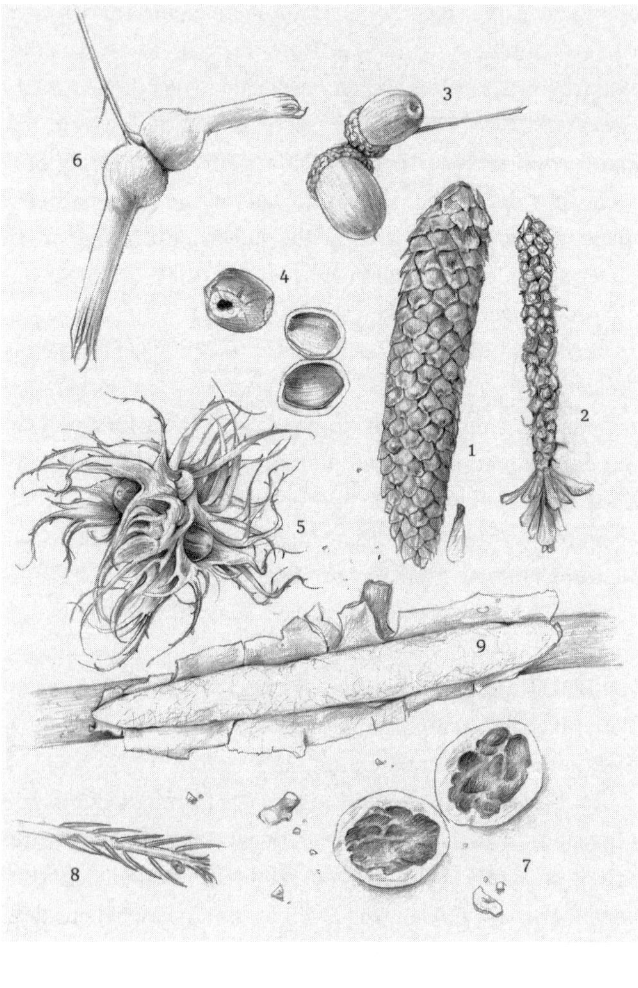

6
3
4
2
1
5
9
7
8

Herbst in solche Wälder getrieben werden, damit sie Eicheln fressen und später den für den Serrano-Schinken bezeichnenden Geschmack bekommen. Früher wurden auch bei uns Schweine in die Eichen- und Buchenwälder getrieben; zur Mast, wie es hieß. Jahre, in denen die Eichen und die Buchen besonders viele Eicheln beziehungsweise Bucheckern tragen, nennt man daher immer noch Mastjahre. Auch bei den Fichten, die von Jahr zu Jahr sehr unterschiedlichen Zapfenansatz entwickeln.

Für das Eichhörnchen bedeutet dies, dass es allenfalls Nummer drei in der natürlichen Rangfolge der Eichelnutzer sein kann. Der kleine Käfer und der Eichelhäher sind ihm überlegen. Beide können fliegen, das Eichhörnchen kann das nicht. Es kostet erheblich mehr Energie, in die Krone einer großen Eiche hinaufzuklettern, bis an die äußersten Zweigspitzen hinauszuturnen und dort Eicheln abzupflücken, als einfach hinzufliegen, wie es die Häher tun. Diese sind außerordentlich effizient. Düll & Kutzelnigg (2011) berichten, dass

Nüsse, Zapfen und ihre Bearbeitung
1 Fichtenzapfen mit Samen, 2 vom Eichhörnchen abgenagter Fichtenzapfen, 3 Eicheln, 4 Haselnuss, angenagt und aufgesprengt, 5 verwirrend wirkende Verpackung der Nüsse der vorderasiatischen Baumhasel *Corylus colurna*, die den Eindruck von Wucherungen am Baum erweckt. Zwickt ein Häher oder beißt ein Hörnchen so eine Nusskugel vom Zweig und transportiert sie weiter an einen anderen Ort zur Bearbeitung, gehen unterwegs einzelne Nüsse verloren; ein »Erfolg« im Sinne der Baumhasel, 6 Amerikanische Schnabelhasel *Corylus rostrata* mit gut versteckten Nüssen in grüner Hülle, 7 Walnuss, vom Eichhörnchen aufgesprengt, 8 Fichtenzweig mit abgenagtem jungen Frühjahrstrieb, 9 vom Rindensprengerpilz *Vuilleminia comedens* befallener Eichenast. Das schleimig wirkende Pilzmyzel fressen die Eichhörnchen gern.

eine örtliche Gruppe von etwa 65 Eichelhähern aus einem Waldstück von 37 Hektar Größe in einem Monat ungefähr 300 000 Eicheln geholt und als Wintervorrat versteckt hatte, also mehr als 4500 Eicheln pro Vogel. Das Eichhörnchen könnte sich bei dieser Ausgangslage gar nicht vollständig auf Eicheln spezialisieren, auch wenn diese leicht zu handhaben und gut zu verstecken sind. Es muss Alternativen nutzen: Haselnüsse, Walnüsse, Bucheckern, aber auch die kleinen Samen von Hainbuchen sowie junge Triebe mit Knospen, gehaltvolle Rinde, zumal wenn in dieser bestimmte Pilze wachsen, wie der Rindensprenger *(Vuilleminia comedens)*, und verschiedene Beeren. Ein »Eichen-Hörnchen« ist das Eichhörnchen also nicht, auch wenn der deutsche Name dies so andeutet. Eher könnten die Eichhörnchen, die ausgedehnte Fichtenwälder bewohnen, »Fichtenhörnchen« genannt werden, weil bei ihnen die Samen der Fichten einen sehr großen Anteil an der Nahrung ausmachen. Sie bearbeiten die reif gewordenen Fichtenzapfen mit ihren Nagezähnen so, dass die Schuppen zurückgebogen werden, unter denen sich die Samen befinden. Mit dieser Technik ähneln sie den Fichtenkreuzschnäbeln *Loxia curvirostra*. Das sind Finkenvögel, deren Besonderheit die sich überkreuzenden Schnabelspitzen sind. Mit diesen drücken sie die Zapfenschuppen noch leichter auseinander als die Eichhörnchen mit ihren kurvig gebogenen Nagezähnen das tun, die sie für diesen Zweck seitlich ansetzen müssen. Wie die Eichelhäher haben die Fichtenkreuzschnäbel den Vorteil der Flugfähigkeit. Von weit her kommen sie, wenn in manchen Jahren im Spätherbst und Winter Fichtenzapfen in großen Mengen reifen. Sie nutzen diese so intensiv als Nahrungsquelle, dass sie sogar im Spätwinter brüten und Junge großziehen können. Dies ist einzigartig unter unseren kleinen Singvögeln. Sie füttern ihre Nestjungen mit zu einem Brei zerdrückten Fichtensamen. Diese sind ähnlich ergiebig wie die von uns Menschen sehr geschätzten Pinienkerne, nur viel kleiner. Fichtenzapfen bearbeiten außerdem Spechte, allen voran der häufigste unserer Spechte, der Buntspecht *Picoides major*. Die Eichhörnchen im Fichtenwald haben es also auch mit Konkurrenz zu tun, mit recht wirkungsvollen Nahrungskonkurrenten.

Gleiches gilt für die Nüsse, aber mit anderer Rangfolge in der Effizienz der Nutzer (von uns Menschen selbstverständlich abgesehen). Um Walnüsse aufzunagen, verfügen die Eichhörnchen über das günstigste Verhältnis von Zahnstärke und Kraft der Kiefermuskeln. Die allermeisten Mäuse sind dafür zu klein und zu schwach. Auch die kräftigeren Siebenschläfer brauchen beträchtlich länger, eine Walnuss aufzunagen. Zudem finden sie reife Walnüsse bei ihrer nächtlichen Lebensweise schwerer auf Sicht als die tagaktiven Eichhörnchen. Wenn wir Spechten zusehen, mit welcher Anstrengung sie eine Nuss aufschlagen, die sie vorher in einer Astnische passend eingeklemmt haben, wird sogleich klar, weshalb sie es vorziehen, an Winterfütterungen der Kleinvögel die Meisenknödel zu bearbeiten. Noch schwieriger als die größeren Walnüsse mit ihrer einigermaßen rauen, weil reliefartig ausgebildeten Oberfläche und der deutlichen Naht der beiden Nusshälften sind die glatten Haselnüsse für Specht & Co. zu bearbeiten. Eichhörnchen tun sich auch mit diesen Nüssen deutlich leichter. Aber wie wir wissen, gibt es richtig gute Nussjahre keineswegs regelmäßig, sondern eher selten. Walnussbäume kommen von Natur aus im mitteleuropäischen Wald gar nicht vor. Sie stammen aus Vorderasien und sind erst vor wenigen Jahrhunderten in Mittel- und Westeuropa gepflanzt worden. Haselbüsche sind häufig, aber dünnstämmig, und es ist für die Eichhörnchen alles andere als leicht, an die reifen Nüsse heranzukommen, weil diese an den rutenartig dünnen Zweigenden gebildet werden.

Nochmals: Mühsam ernährt sich das Eichhörnchen! Dieser banale Spruch trifft wirklich zu. Die munteren Hörnchen müssen sich richtig abrackern, um an Eicheln, Bucheckern, Hasel- und Walnüsse und all die anderen Samen und Früchte zu kommen, die sie zum Leben brauchen. Kein Wunder, dass sie nicht nur in Notzeiten die saftigen Triebspitzen von stark wachsenden Bäumen benagen, »ringeln«, wie es heißt, weil sie meistens rundherum die Rinde abnagen und verzehren, sondern dies auch in Zeiten verhältnismäßig guten Nahrungsangebotes tun. Auch weil sie Vitamine und Mineralstoffe benötigen. Haselnüsse enthalten viel davon, vor allem Vitamin E, dazu Kalzium, Kalium, Magnesium, Zink und Eisen unter den sogenannten Mineralstoffen. Gern lecken die Eichhörnchen die aus Rindenverletzungen austretenden zuckrigen Baumsäfte. Rosinen mögen sie wegen der enthaltenen Süße gleichfalls sehr gern. Nur die volle Bandbreite der Nahrung sichert die benötigte Ernährung. Und es gibt noch einen weiteren, sehr triftigen Grund, nicht allein von Eicheln oder Fichtenzapfen zu leben.

Mastjahre

Eichen, Buchen und Fichten fruchten nicht jedes Jahr in gleicher Ergiebigkeit. Im Gegenteil. Viel ausgeprägter, als wir das von unseren Obstbäumen kennen, schwankt ihr Samenansatz von Jahr zu Jahr. Es gibt solche, in denen kaum ein Zapfen in den Fichtenkronen hängt, und andere, in denen sie so voll damit sind, dass schon ein leichter Spätsommer- oder Herbststurm die Gipfel abreißen kann, weil die Zapfenlast zu groß geworden ist. Die Abstände der großen Mastjahre der Fichten betragen in Mitteleuropa durchschnittlich ein gutes Jahrzehnt. Sie folgen damit ungefähr den Zyklen der Sonnenflecken, die alle elf Jahre ein Maximum erreichen. In den Sonnenflecken drückt sich die schwankende Aktivität der Sonne aus. Zu kleineren Zapfenjahren kommt es alle drei bis vier Jahre. Günstige Witterung und besonders gute Nährstoffversorgung der Bäume können eine zusätzliche Periode mit sehr hohem Zapfenansatz zwischen die Mastjahre schieben oder auch deren zwei, wie wir dies in unserer Zeit beobachten, in der die ganze Natur so unnormal stark auf dem sogenannten Luftweg gedüngt wird. Diese Düngung kommt zustande, weil Ammoniak aus der Gülle und den damit befrachteten Böden der Fluren entweicht, aber auch, weil Luftstickstoff in Motoren und modernen Heizungsanlagen mit verbrannt wird zu NO_x-Verbindungen. In den 1980er und 1990er Jahren kam aus diesen beiden Hauptquellen eine Stickstoffdüngung aus der Luft von 30 bis 60 Kilogramm pro Hektar und Jahr zustande; als Reinstickstoff gerechnet. Das war so viel, wie nach dem Ersten Weltkrieg als Düngeziel für die deutsche Landwirtschaft angestrebt worden war. Auf die Fluren gelangt dieser »Luftdünger« zusätzlich zur von der Landwirtschaft vorgenommenen Düngung. In den Wäldern löst er verstärktes Wachstum der Bäume aus. Das macht die Bäume anfälliger für Krankheiten und Insekten, aber auch gefährdeter für Wind- und Schneebruch und für Stürme, wie alles, was zu schnell wächst, zu wenig stabil ist. Zwar ist die Düngung aus der Luft etwas geringer geworden, seit die Dieselmotoren weniger Stickoxide (NO_x-Verbindungen) erzeugen. Aber immer noch wird auf diesem Weg gedüngt, wo gar kein Dünger hinkommen soll.

In unseren Wäldern sind die Bäume dadurch aus dem Rhythmus des Blühens und Fruchtens gekommen. Vor allem die Eichen und Buchen setzen häufiger als früher Eicheln und Bucheckern in großen Mengen an. Dennoch bleiben die Lücken unergiebiger Jahre erhalten, mit denen Eichhörnchen & Co. zurechtkommen müssen. Denn anders als in den Städten sind die Baumbestände in den Forsten sehr einheitlich aufgebaut, weil sie gezielt gepflanzt wurden und bewirtschaftet werden. Bäume in den Städten wachsen nur ausnahmsweise zur Holzgewinnung. Sie dienen der Erholung der Menschen und sie sollen die Stadtluft verbessern. Gepflanzt wurden sie nicht in einheitlichen Beständen, sondern oft, wie es sich ergab, insbesondere in Gärten. Sie wachsen daher in allen Größen und Altersstadien und sind genetisch unterschiedlicher als die Baumbestände in den Forsten. Anhaltend gut gedüngt, jedoch nicht so übermäßig, wie vieles draußen in Wald und Flur, und mit mehr Freiraum zum Wachsen ausgestattet, fruchten die Stadtbäume insgesamt von Jahr zu Jahr gleichmäßiger. Das kommt den Eichhörnchen zugute. Sollte sich dennoch einmal ein weitgehender Ausfall von Eicheln, Bucheckern oder Fichtenzapfen in den städtischen Baumbeständen ergeben, bekommen die hungrigen Hörnchen Futter von den Menschen. Draußen im Wald sind sie auf sich allein gestellt und den Schwankungen im Samenansatz der Bäume voll ausgesetzt. Dies ist einer der Hauptgründe, weshalb die Eichhörnchen im Wirtschaftsforst nicht annähernd so häufig werden können wie in Stadtparks. Die Schwankungen der Samenproduktion der Bäume trifft sie voll und nicht abgeschwächt wie ihre Konkurrenten, die Vögel. Denn die Hörnchen können bei Mangel nicht einfach zu ergiebigeren Wäldern fliegen. Dass sie versuchen, dorthin zu wandern, wo mehr geboten ist, drückt sich in stark steigenden Straßenverkehrsverlusten nach den guten Samen- oder Zapfenjahren aus, in denen die Eichhörnchen überdurchschnittlich viele Junge großziehen konnten. Der Mangel an Fichtenzapfen, Eicheln oder Bucheckern treibt sie fort und bringt sie unter die Räder. Die Häufigkeit, mit der wir auf den Straßen überfahrene Eichhörnchen sehen, drückt daher recht gut aus, wie es um ihre Hauptnahrung steht. Nur wo Wälder nicht wie Inseln im Kulturland stehen, sondern über gut entwickelte Alleen, Feldgehölze und Wasserläufe mit Baum- und Buschbeständen entlang der Ufer miteinander vernetzt sind, können die Eichhörnchen (und viele andere auf die Fortbewegung am Boden angewiesene Tiere) das auf ihre Weise tun, was die Vögel mit dem Herumfliegen betreiben, nämlich günstige Verhältnisse suchen.

Auf die Bäume bezogen, kann man das Fruchten in längeren Zeitabständen als eine Strategie betrachten, die Verluste ihrer Samenproduktion einzuschränken, die Tiere verursachen. In Jahren der Fülle überleben weit mehr Samen als in solchen mit geringem Samen- oder Fruchtansatz, weil die Nutzer vom Überangebot regelrecht überschwemmt werden. Jahr für Jahr etwa gleichmäßig viele Samen hervorzubringen, wäre die schlechteste Strategie für die Bäume. Das Verhältnis zwischen Leistung und Ertrag in Form von überlebenden Samen würde mit der Zeit immer geringer, weil sich die Eichhörnchen, Häher und Kreuzschnäbel bei weitgehend konstantem Angebot recht genau darauf einstellen und ihren eigenen Ertrag maximieren könnten. Starke Schwankungen der Samenproduktion verhindern dies. Sie zwingen die Nutzer dazu, auf dem für magere Zeiten geeigneten Häufigkeitsniveau zu bleiben oder in diesen mageren Zeiten auf Alternativen auszuweichen, sodass der Nutzerdruck verteilt wird. Genau dies tun die Eichhörnchen. Sie haben sich nicht eng auf Eicheln, Bucheckern oder Fichtensamen spezialisiert. Sie wären in der Konkurrenz den Hähern und Kreuzschnäbeln oder im Fall der Bucheckern auch den Finkenvögeln unterlegen. Die stärker spezialisierten Eichelhäher und vor allem die Fichtenkreuzschnäbel mit ihrer besonders engen Abhängigkeit von den (guten) Zapfenjahren bezahlen dies mit der Notwendigkeit, viel und weit herumfliegen zu müssen – was (viel) Energie kostet.

Der genauere Blick auf die Nahrung der Eichhörnchen vermittelt uns eine ganz gute Vorstellung davon, was in der Natur wirklich zählt und wie sich die Beziehungen der verschiedenen Arten untereinander gestalten. Denn die Bäume, die sich mit unregelmäßigem Fruchten vor zu hohen Verlusten ihrer Samen an Eichhörnchen, Häher & Co. schützen, brauchen genau diese Tiere für die Verbreitung ihrer Samen. Eicheln, Nüsse und Zapfen sind schwer. Sie fallen vom Baum einfach zu Boden. Nicht einmal ein Orkan trägt sie nennenswert fort von den Mutterbäumen. Unter diesen keimen und aufwachsen zu müssen, ist aber zumeist keine gute Lösung. Im Naturwald würde es Jahrhunderte dauern, bis der Mutterbaum allmählich altert und zusammenbricht. Bei den Eichen kann ein Jahrtausend vergehen, bis sie am Alterstod zugrunde gehen. Selbst bei den raschwüchsigen Fichten dauert es einige Jahrhunderte. Wozu sollten die Bäume vorher überhaupt Samen bilden, wenn ihr Platz so lange gar nicht frei wird für den Nachwuchs? Orte zum Keimen und Aufwachsen gibt es eher fern vom Mutterbaum. Um zu solchen zu gelangen, brauchen die Samen Transporteure. Eichhörnchen und Häher leisten dies bestens, Kreuzschnäbel oder Finken ganz und gar nicht. Sehen wir uns diesen Aspekt ebenfalls etwas näher an.

Knappheit, Überfluss und Samenverbreitung

Bäume, die große Samen bilden, und Tiere, die diese verzehren, befinden sich in einer konkurrierenden Wechselwirkung zueinander. Es handelt sich nicht um ein einfaches Nehmen, also ein Ausbeuten seitens der Hörnchen und Häher, wie man meinen könnte, weil sie die Eicheln, Zapfensamen oder Nüsse verzehren, die eigentlich neue Bäume bilden sollten. Wir gehen dazu viel zu sehr von unserem Urteil aus, wenn wir die Kirschen oder die Erdbeeren im Garten den Staren oder den Amseln nicht gönnen wollen, weil wir die Früchte ernten möchten. Dabei lassen wir außer Betracht, dass die Kirschbäume oder Erdbeerpflanzen gar nicht wachsen würden, hätten wir sie nicht gepflanzt. Unsere Nutzung ist nicht einseitig. Wir schaffen zuerst die Voraussetzungen dafür. Und nennen es Gärtnern. Oder, noch allgemeiner, Landwirtschaft. Auch sie muss säen, um ernten zu können. Dieses Prinzip ist keine Erfindung der Menschen. Seit Urzeiten vollziehen sich ähnliche Vorgänge ganz allgemein in der Natur. Die Nutzer bilden mit ihrem Wirken einen Teil des Kreislaufes, den wir Naturhaushalt nennen. Und den wir fast immer gleich irgendwie romantisch verklären als etwas Wohlgeordnetes, das bestens funktionieren würde, gäbe es da nicht die Menschen, die immer wieder stören oder gar Teile davon vernichten. Als moralisches Lehrstück für gutes Verhalten der Natur gegenüber mag so eine Sicht zu rechtfertigen sein. Die Wirklichkeit sieht aber meistens anders aus. Da geht es sogar im echt symbiotischen Zusammenleben um ein beständiges Kräftemessen. Jeder der Partner versucht, sich Vorteile zu verschaffen auf Kosten des oder der anderen. Symbiose, das Zusammenleben, verläuft nicht automatisch gut. Tatsächlich finden im wirklichen Leben nahezu unablässig Feineinstellungen statt. Jede Symbiose unterliegt der Gefahr, in einen Parasitismus umzuschlagen. Bei diesem lebt der eine Partner auf Kosten des anderen, ohne diesem noch zu nützen. Dass Partnerschaften in Parasitismus umschlagen, gibt es keinesfalls nur unter Menschen. Wir stufen sie als unmoralisch ein, weil wir das Gefühl haben, dass sich solche Menschen falsch und unsozial verhalten, die (nur) auf Kosten anderer leben wollen.

Bei der Betrachtung von Vorgängen in der Natur brauchen wir die in unserer Menschenwelt geltenden Moralvorstellungen nicht. Sie wären eher hinderlich, wenn wir verstehen möchten, was vor sich geht und warum das so ist. Doch sich davon zu lösen und »objektiv« zu urteilen, fällt sehr schwer. Das sehen wir daran, wie selbstverständlich wir geneigt sind, alles in »nützlich« oder »schädlich« einzuteilen. Schnell, allzu schnell werden Tiere als Schädlinge abgestempelt, nur weil auch ihnen Naturprodukte schmecken, die wir verzehren wollen. Mit dieser Problematik sehen wir uns noch mehrfach bei der Betrachtung des Eichhörnchens konfrontiert. An dieser Stelle, mit Bezug auf die Nutzung von Baumfrüchten, rückt sie uns nicht ganz so nahe. Fressen die Eichhörnchen aber junge Triebe an Bäumen, die Forstleute gepflanzt haben, werden sie sogleich zum Schädling erklärt und bekämpft. Denn nicht Eichhörnchen sollen entscheiden, welche Bäume wo wachsen. Das behalten sich die Förster vor. Weshalb »Forst« auch kein Wald im natürlichen Sinne mehr ist, sondern eine Pflanzung, eine Plantage. Eichhörnchen, Eichelhäher, Spechte und einige weitere Tiere nutzen und pflanzen Bäume jedoch von Natur aus. Knappheit, Überfluss und Verbreitung der Baumsamen lassen sich nur zusammen mit den Tieren, die sie als Nahrung nutzen, verstehen. Die Samen stellen nämlich das bewegliche Stadium der Bäume dar. Wind, Wasser oder Tiere als Hilfsmittel gleichen die festsitzende, verwurzelte Form des Lebens der Bäume aus und erschließen ihnen durch den Transport der Samen zu anderen Stellen neue Lebensorte.

Dabei geht es um die Mengenverhältnisse. Wie schon ausgeführt, wäre ein Jahr für Jahr gleichmäßiges Fruchten keine gute Lösung, weil sich die Nutzer daran am leichtesten sehr eng anpassen könnten. Ihre Bestände dürften dabei so weit anwachsen, dass sie immer so gut wie alle Samen verzehren könnten. Für die Bäume wären solche Verhältnisse geradezu katastrophal schlecht. Ihr Einsatz würde nichts bringen. Und die Produktion von Samen und Früchten ist ein großer Einsatz. Besser zwar, aber nicht gut genug, wäre ein Fruchten in so langen Zeitabständen, dass die Nutzer, weil sie in so einem Fall zu selten bleiben müssten, kaum etwas davon verwerten könnten. Die große Masse der Samen würde nur zu Boden fallen und eben nicht an neue, für Wachsen und Gedeihen geeignete Orte gelangen. Eine von Jahr zu Jahr geringe, aber deutlich schwankende Samenproduktion ist gewiss besser, gleichwohl nicht optimal. Und zwar aus folgendem Grund: Wenn keine wirklichen Überschüsse vorhanden sind, kommen die Nutzer nicht darauf, die Eicheln oder Nüsse als Vorrat zu verstecken. So ein Verhalten lohnt nur, wenn weit mehr vorhanden ist, als direkt genutzt werden kann, und dieses Mehr sich über Wochen und Monate speichern lässt. Dazu müssen die Samen entsprechend harte, wetterfeste Hüllen haben, die verhindern, dass sie zu schnell verrotten. All das lässt sich ganz genau über Modellrechnungen durchspielen, aber mit dem gesunden Menschenverstand auch leicht nachvollziehen. Die Technik des Versteckens und die Kenntnis, welche Stellen dafür geeignet sind, können sich nur entwickeln und erhalten, wenn Überfluss im Leben der betreffenden Tiere regelmäßig genug vorkommt. Gäbe es zwischen den großen Zapfenjahren der Fichten, die sich, wie schon angemerkt, im Rhythmus der Sonnenfleckenzyklen durchschnittlich alle elf Jahre einstellen, keine weiteren mit Zapfenbildung, die ertragreich genug ausfallen, um für Eichhörnchen attraktiv zu sein, könnten sich keine Verhaltensweisen ausbilden, mit den Zapfen entsprechend umzugehen. Die Zapfenjahre wären zu selten oder träten gar nicht im Leben eines Eichhörnchens auf. Noch stärker gilt dies für die Eicheln und Bucheckern. Eichelhäher wie Eichhörnchen lernen nur dann, solch besonders ergiebige und lagerfähige Früchte zu verstecken, wenn sie in ihrer Lebensspanne entsprechende Erfahrungen damit machen.

Ist die Lebenserwartung zu kurz, wie bei den kleinen Finkenvögeln, kommt lediglich eine direkte Nutzung zustande, ohne dass Samen versteckt und aufbewahrt werden. So verhält es sich bei den Kreuzschnäbeln. Mit ihrer für Kleinvögel typischen durchschnittlichen Lebenserwartung von weniger als zwei Jahren können sie nur die aktuell verfügbaren Zapfen nutzen und in guten Zapfenjahren so rasch wie möglich zu nisten versuchen. Denn mehr als ein oder zwei Bruten haben sie in ihrem kurzen Leben nicht zu erwarten. Als Spezialisten für Koniferensamen richten sie sogar ihre Brutzeiten darauf aus. Fichtenkreuzschnäbel nisten in Jahren mit sehr guter Zapfenbildung bei den Fichten, sobald deren Samen hinreichend reif geworden sind, also durchaus bereits im Winter. Zum Füttern der Jungen bearbeiten sie die Fichtensamen so, dass sie einen Brei ergeben, der im Gehalt der Milch von Säugetieren entspricht und so reich ist an Energie, dass die Jungvögel rasch gut genug »heizen« können. Dank des hohen Fettgehaltes erzeugen sie so viel Eigenwärme im Körper, dass sie Außentemperaturen unter Null Grad überstehen. Aber da es guten Zapfenansatz im selben Waldgebiet nicht Jahr für Jahr gibt, sondern nur alle paar Jahre, sind sie gezwungen, weit herumzuwandern auf der Suche nach Wäldern mit Zapfen. Auch darauf wurde bereits hingewiesen. Auf die ganz großen Zapfenjahre im Sonnenfleckenzyklus können sie sich nicht einstellen. Zudem sind sie nicht in der Lage, Vorräte anzulegen. Als »Zigeunervögel«, wie sie der Volksmund nennt, streifen sie weit umher und ihre Häufigkeit bleibt insgesamt gering, obwohl sie eigentlich bei der Größe unserer Fichtenforste reichlich Zapfen zur Verfügung hätten. So hat man ihren Bestand in Mitteleuropa auf 180 000 bis 500 000 Brutpaare geschätzt, den des viel größeren Eichelhähers aber auf ein bis zwei Millionen (Bauer & Berthold

1996). Die Eichelhäher sind also um das Doppelte bis Vierfache häufiger als die viel kleineren Fichtenkreuzschnäbel. Diese wiegen etwa 40 Gramm, die Eichelhäher aber um die 170 Gramm. Daraus ergibt sich ein Gesamtunterschied von rund dem Zehnfachen zugunsten des Eichelhähers. Für das Eichhörnchen gibt es leider keine halbwegs brauchbaren Häufigkeitsangaben für Deutschland. Da sie in der Größenklasse der Eichelhähergewichte liegen, nehmen wir ungefähr ähnliche Verhältnisse an. Jedenfalls weist die grobe Bilanzierung auf den hohen Wert des Versteckens von Vorräten hin. Wer das kann, ist besser dran; viel besser als die Direktnutzer, die nach dem Prinzip von der Hand in den Mund leben (müssen).

Mit diesen Betrachtungen schließt sich der Kreis der Wechselwirkungen. Das schwankende Fruchten der Bäume, speziell solcher, die große, gehaltvolle Samen ausbilden, erzeugt bei ihnen das günstigste Verhältnis zwischen Aufwand und Erfolg. Weil die Überschüsse, die zeitlich dicht genug aufeinanderfolgen, die Nutzer dazu animieren, viele Samen zu verstecken. Sie tun dies an Stellen, die zugänglich genug sind, nicht im dichtesten Jungwuchs, der schon vorhanden ist, oder eingeklemmt in Felsspalten. Häufige Verstecke sind Nischen an alten Baumstümpfen, bei Windbruch- oder anderen offenen Bodenstellen, die mit Laub oder Moos abgedeckt werden können, also genau solche Orte, die sich zum Keimen gut eignen. Dass manche Nuss dennoch am Baum in einer Nische oder Höhle landet, beeinträchtigt den allgemeinen Erfolg dieser Samenverbreitung durch tierische Helfer nicht, weil die Eichhörnchen und die Häher die meisten versteckten Samen ohnehin im Lauf des Winters oder Frühjahrs wieder hervorholen und verzehren. Die erstaunlich hohe Wiederfundrate der versteckten Samen bedeutet, dass die Bäume wirklich gut daran tun, alljährlich etwas und in manchen Jahren sehr viel zu produzieren. Dann überleben genügend der von den Tieren versteckten Samen. Sie können keimen und zu neuen Bäumen heranwachsen.

Bleibt anzufügen, dass die Verhältnisse noch komplizierter gemacht werden durch die Spezialisten aus der Käferwelt, wie die schon genannten Rüsselkäfer, die Eichel- und die Haselnussbohrer, *Curculio nucum*, deren Larven die Eicheln beziehungsweise Haselnüsse ausfressen. Auch mit diesen müssen die Bäume zurechtkommen – und die Modellrechnungen, die Ökologen anstellen, um die Beziehungen zwischen den Bäumen und den Nutzern ihrer Früchte zu simulieren, sollten das berücksichtigen. Eine bedeutende Gegenreaktion der Bäume besteht darin, befallene Nüsse beziehungsweise Eicheln vorzeitig abzuwerfen, sodass die Larven nicht genügend Nahrung für ihre Entwicklung erhalten. Diese Reaktion der Bäume verhindert, dass sich der Befall rasch zum Massenbefall ausweitet. Denn gute Fortpflanzungsraten der Käfer bringen es mit sich, dass der Befall im nächsten Jahr gleich viel größer wird – und die Bäume womöglich überfordert.

Häufigkeitszyklen

Der in der Natur ganz allgemeinen Tendenz, sich den jeweiligen Bedingungen gemäß so gut wie möglich zu vermehren, unterliegen auch die Eichhörnchen und Eichelhäher. Sie unterscheiden sich von den Rüsselkäfern allerdings stark in der Geschwindigkeit. Die Eichelbohrer könnten nach einem günstigen Jahr mit vielen erfolgreich ausgefressenen Eicheln im nächsten gleich alle befallen. Dann bliebe für Eichhörnchen & Co. nichts mehr. Die Eichen und die Haselbüsche könnten mit so einem Totalausfall besser zurechtkommen, weil sie im Folgejahr lediglich keine Früchte bilden müssten, um die weitere Massenvermehrung der Käfer auszubremsen. Wenn es keine jungen Eicheln und Haselnüsse gibt, suchen die Käferweibchen vergebens danach und aus ihren Eiern wird nichts. Entsprechendes trifft auf die Zapfenmotten zu, die junge Fichtenzapfen befressen und die Samen darin vernichten können. Eine in Mitteleuropa häufige Art trägt den wissenschaftlichen Namen *Dioryctria abietella.* Von ihren Raupen befallene Fichtenzapfen sind an den braunen Kotkrümeln zu erkennen, die zwischen den Zapfenschuppen herausquellen. Der Befall löst zudem vermehrten Harzfluss aus. Solche Zapfen sind für die Eichhörnchen untauglich. So reizvoll es auch wäre, auf die Motten und die Käfer und ihre Folgewirkungen weiter einzugehen, es soll hier unterbleiben, um die Verhältnisse nicht zu kompliziert zu machen. Der Zweck des Hinweises besteht darin, verständlich zu machen, weshalb die Häufigkeit der Eichhörnchen von Jahr zu Jahr ziemlich stark schwankt. Und zwar in den Forsten viel stärker als in den Parkanlagen und Gärten der Städte. Denn die verschiedenen Nutzer der Eicheln, Nüsse und Zapfen wirken in recht unterschiedlicher Weise aufeinander. Je einheitlicher die Baumbestände sind, desto mehr verstärkt dies die Einzelwirkungen und desto größer werden die Fluktuationen. Die Häher fliegen von weither zu, wenn es in einem Wald viele Eicheln gibt. Sie tragen diese weit fort, um sie als Vorrat zu verstecken. Die Motten und die Käfer hingegen können einen guten Fruchtansatz vorzeitig dezimieren und damit mögliche Wintervorräte für Häher und Hörnchen stark vermindern. Auch sie, die Rüsselkäfer und die Zapfenmotten, erreichen dank ihrer Flugfähigkeit die sich bildenden Eicheln, Nüsse oder Zapfen weit leichter als die Eichhörnchen, die nicht über größere Strecken laufen können. Dieses Eingebundensein in eine komplexe Mitwelt anderer Tiere zwingt die munteren Hörnchen daher zur Vielseitigkeit.

Dennoch folgt draußen in den Wäldern die Hörnchenhäufigkeit den Mastjahren sehr deutlich. Besonders wirksam sind die Zapfenjahre der Fichten einfach deshalb, weil die gepflanzten Fichtenforste großflächig ausgebildet sind und in altersgleichen Reinbeständen in geringer genetischer Vielfalt wachsen. Damit fruchten sie besonders ausgeprägt synchron. Eichhörnchen, die in solchen Fichtenforsten leben, vermehren sich nach den sehr guten Zapfenjahren stärker als ihre Artgenossen, die Eichen- und Eichenmischwälder bewohnen. Dafür gibt es zwei Gründe. Eichen fruchten an Waldrändern regelmäßiger als in Reinbeständen und ihre Mastjahre heben sich nicht mehr so stark hervor, seit die Eichenwälder nicht mehr vorrangig der Schweinemast dienen. In dichter gepflanzten Beständen, die hochwertiges Nutzholz erzeugen sollen, investieren die Eichen mehr in das Wachstum in die Höhe und weniger ins Fruchten, weil die Konkurrenz so eng nebenbei wächst. Bei den Fichten ist das anders. Sie tragen nicht mehr und auch nicht häufiger Zapfen am Waldrand als in den Reinbeständen, da sie als Baum der nördlichen Nadelwaldzone von Natur aus auf das Wachsen in Reinbeständen eingestellt sind, die in Zeitabständen von mehreren Jahren gemeinsam fruchten. Die Fichtensamen enthalten keine schützenden Bitterstoffe. Daher sind sie beziehungsweise ihre größer ausgebildeten Verwandten, die Pinienkerne, für uns Menschen eine gut schmeckende und bestens verdauliche Nahrung.

Die Reaktion der Eichhörnchen fällt dementsprechend aus. In sehr guten Zapfenjahren paaren sie sich schon im Winter. Die Weibchen bringen dann mitunter schon Ende Februar einen ersten Wurf Junge zur Welt. Dass diese frühen Geburten kein Fehlschlag werden, garantieren die Fichtensamen. Sie sind so gehaltvoll an Nährstoffen und so ergiebig als Energiequelle, dass die Eichhörnchenmütter ihre Kleinen gut mit Milch versorgen können, die in der kalten Jahreszeit von den Jungen in noch höheren Mengen benötigt wird. Mag auch Schnee die Nestkugel des Eichhörnchens bedecken und mögen die Nächte frostig sein, die Mutter wärmt und versorgt den Nachwuchs vielleicht sogar besser als in anderen Jahren im Frühsommer, wenn diese Zeit verregnet ist und es an energiereicher Nahrung mangelt. In Mastjahren der Fichten brauchen die Eichhörnchen nicht zum Boden hinab, um dort nach versteckter Nahrung zu suchen, was stets gefährlich ist. Sie haben die Zapfen in den Baumkronen in nächster Nähe zum Greifen nahe. Mit einem frühen Wurf im Spätwinter, der erfolgreich aufwächst, und einem oder gar zwei folgenden im Früh- und im Hochsommer kommt eine Vermehrungsrate zustande, die erheblich die normalen Jungenverluste übersteigt. Der Bestand der Eichhörnchen nimmt entsprechend stark zu. Zu Beginn des nächsten Winters kann es nun, bezogen auf die Jahre davor, ein Mehrfaches an Eichhörnchen geben und mit ihrer Ernährung sehr knapp werden. Ein auffälliger Bestandszyklus ist in Gang gekommen.

Würden die Eichhörnchen in einem Mischwald leben und folgte auf den günstigen Sommer eine reiche Ernte an Eicheln und Nüssen, kämen sie ebenfalls gut durch den Winter.

Im nächsten Jahr würden wir viele Eichhörnchen sehen, vor allem auch auf den Straßen überfahrene. Weil nun die Verknappung einsetzt. Der Überschuss an Eichhörnchen versucht abzuwandern, sofern er nicht den natürlichen Feinden zum Opfer fällt. Die Weibchen bekommen in einem mageren Jahr wenige Junge, vielleicht gar keine. Die stark steigenden Verluste regeln die zu große Zunahme nach dem Mastjahr wieder herunter. Spätestens im dritten Jahr nach einem solchen sind die Eichhörnchen ähnlich selten wie vor dem Jahr des Überflusses. Auch Parasiten, wie Flöhe, und Krankheiten erfassen die durch Nahrungsmangel geschwächten Eichhörnchen. Das Ergebnis ist, dass das gute Jahr als Gipfel einer Fluktuation herausragt. Darauf folgt ein umso tieferes Tal, je höher der Gipfel davor gewesen war. Und nach einem Jahrzehnt entsteht vielleicht ein neuer Gipfel - oder auch nicht, wenn die Witterung oder andere Umweltverhältnisse dafür nicht passen. Die Fluktuationen laufen mehr oder minder unregelmäßig weiter. Sind Mastjahre der Fichte der Auslöser, verläuft diese Populationsdynamik zeitgleich über riesige Flächen, weil die Fichten, wie bereits ausgeführt, in der Regel synchron blühen und fruchten. In Sibirien wurden daher große Wanderzüge von Eichhörnchen beobachtet, die nach Waldgebieten mit noch reichlich Zapfen suchten. So im Jahre 1928 im Amurgebiet im Fernen Osten (*Grzimeks Tierleben* 1993). Gab es aber eine besonders gute Eichelmast, so bleiben die Schwankungen auf den regionalen Bereich beschränkt. Besonders stark gedämpft sind sie in den Städten, wie schon angemerkt, weil in diesen die Bedingungen, sowohl, was die Bäume, ihre Herkunft und ihr Alter betrifft, als auch die anderen für die Eichhörnchen wichtigen Umweltbedingungen so heterogen sind, dass sich eine ziemlich einheitlich erhöhte

Häufigkeit einstellt. Brechen in der Stadt die Bestände plötzlich zusammen, ist meistens eine Krankheit die Ursache. Das wird später behandelt. Sehen wir uns nun die Fortpflanzung der Eichhörnchen genauer an.

Wie und wann Junge bekommen – die Vermehrung

Viele Säugetiere haben eine feste Paarungszeit im Jahresverlauf. Längst nicht alle zwar, wie wir von uns selbst wissen. Aber wir neigen bekanntlich dazu, uns für die Ausnahme aller Ausnahmen zu halten. Deshalb braucht es uns nicht weiter zu beunruhigen, dass wir bezüglich der Fortpflanzungszeit gewisse Übereinstimmungen mit Mäusen und Ratten aufweisen. Der Grund ist einfach: Wir haben uns eine eigene Umwelt geschaffen, die uns weitestgehend unabhängig macht von den Außenbedingungen. Die Mäuse und Ratten, die bei uns leben, nutzen diese neue Umwelt mit und haben sich auch in ihrer Fortpflanzung längst darauf eingestellt. Für die Rehe in Wald und Flur, für die Füchse und Vögel und alles sonstige frei lebende Getier bestimmt der Jahresverlauf, wann die Zeit für ihre Fortpflanzung günstig liegt. So sieht es zumindest auf den ersten Blick aus. Die genauere Betrachtung lehrt, dass der Rhythmus der Jahreszeiten mit seinen länger oder kürzer werdenden Tagen und dem Wechsel zwischen Sommer und Winter eigentlich mehr so etwas wie der Wecker ist, der zum richtigen Zeitpunkt schrillt. Der Zeitgeber selbst ist aber ebenso wenig Ursache, wie das eine bestimmte Tageslänge für die Fortpflanzung von Tieren ist.

Das Eichhörnchen vermittelt uns, warum. Die Angaben zu seiner »Fortpflanzung« bleiben im *Handbuch der Säugetiere*

Europas erstaunlich vage. Vieles andere zum Leben der Hörnchen wird weit genauer dargestellt als ausgerechnet der allerwichtigste Teil. Das liegt nicht an den zu geringen Kenntnissen zu Zeit und Ablauf der Fortpflanzung, sondern daran, dass diese von Natur aus tatsächlich nicht so genau festliegt. So paaren sich in Obhut von Menschen gehaltene Eichhörnchen bereits gegen Ende Dezember oder Anfang Januar. Nach 38 Tagen Tragzeit kommen Anfang Februar die ersten Jungen zur Welt. Ein Haltungseffekt also? Im geräumigen Zimmerkäfig, oder wenn sie sogar frei im Zimmer herumlaufen dürfen, haben es die Eichhörnchen auch im Winter warm und mit künstlichem Licht hell wie jahreszeitlich Monate später im Frühling. Angenehme Temperaturen und durch das elektrische Licht verlängerte Tage könnten zusammen die hormonelle Anregung verursachen, die sodann die Bereitschaft zur Paarung auslöst. Im letzten Abschnitt wies ich jedoch darauf hin, dass es schon im Spätwinter Eichhörnchenkinder geben kann, wenn der Forst voller reifer Fichtenzapfen hängt. Und dies nicht bloß vereinzelt als Ausnahmefall, sondern im örtlichen Eichhörnchenbestand durchaus verbreitet. Entscheidend dafür ist zwar die Kondition der Weibchen, aber selbstverständlich müssen auch die Männchen zur Paarung in Stimmung sein. Gute Ernährung lässt die Hormone kreisen. Und diese lassen die Eichhörnchen rotieren. Denn alsbald setzt eine wilde Verfolgungsjagd ein. Das Männchen flitzt hinter dem Weibchen her, das wie von panischer Angst getrieben die Stämme und Äste hinauf- und hinabrennt oder mit mächtigen Sprüngen zum nächsten Baum wechselt. Haben wir das Glück, für einige Zeit zusehen zu können, was in einem Stadtpark durchaus gelingt, zeigt sich, dass der Abstand zwischen beiden Hörnchen ziemlich gleich bleibt. Das

Männchen, der Verfolger, will das Weibchen gar nicht gleich erreichen und zu fassen bekommen. Dieses würde sich wehren und die Paarung womöglich verwehren.

Tatsächlich geht es bei dieser Verfolgungsjagd darum, dass beide in die richtige Stimmung kommen und beim Weibchen der Eisprung einsetzt. Dann akzeptiert es das Männchen. Dieses wird nämlich vom Weibchen zunächst als Eindringling in das Revier behandelt und angegriffen. Eichhörnchen sind sehr territorial und unverträglich. Die körperliche Anstrengung, die der Paarung vorausgeht, stellt für das Weibchen aber auch so etwas wie einen Test dar, mit dem das Männchen seine Tauglichkeit, seine biologische Fitness beweist. Besteht es den Test nicht, weil es zu früh aufgibt, kommt die Paarung nicht zustande. Hat es aber immer noch Kraft, wenn das Weibchen von der Verfolgungsjagd erschöpft innehält, ist die Wahrscheinlichkeit groß, dass die nun gezeugten Eichhörnchenkinder gesund sind und kräftig werden. Jagen im Freiland mehrere Männchen hinter einem Weibchen her, das mit Duftstoffen seine Bereitschaft zur Paarung signalisiert, gewinnt in der Regel das ranghöchste der lockeren Gruppe. Mehrfach wird es sich nun an diesem Tag mit dem Weibchen paaren. Im Penis trägt es einen Knochen, der die nötige Steifheit gewährleistet. Vergewaltigen könnte das Männchen dennoch das Weibchen nicht, weil sich dieses zur Paarung in eine bestimmte Haltung mit durchgedrücktem Rücken begeben muss. Die wiederholten Kopulationen verschärfen den Fitnesstest. Sie stellen für das dominante Männchen sicher, dass kein Nebenbuhler zum Zug kommt. Auch dann nicht, sollte sich das Weibchen mit einem anderen Männchen einlassen. Denn die Konkurrenz um die Vaterschaft geht mit dem Sperma im Körper des Weibchens weiter. Je mehr davon

von einem Männchen stammt, desto größer sind die Chancen, dass dieses der Vater der drei bis fünf Jungen wird, die das Weibchen üblicherweise pro Schwangerschaft entwickelt. Die Konkurrenz unter den Männchen ist deswegen besonders groß, weil sie nur eine geringe Lebenserwartung von wenigen Jahren haben. Eichhörnchen werden zwar bis zu zehn Jahre alt, aber wohl nur unter idealen Haltungsbedingungen und allenfalls höchst ausnahmsweise in freier Natur. Dort erleben nach russischen Untersuchungen 99 Prozent der Eichhörnchen das fünfte Jahr nicht (Ognew 1959). Da sie erst nach einem Jahr oder gar nach zwei Wintern fortpflanzungsfähig werden, bleibt den meisten Männchen kaum mehr als eine Saison für die Paarung mit einem Weibchen. Im dritten Jahr lebt nämlich nicht einmal mehr die Hälfte der Eichhörnchen einer Altersklasse.

Dabei geht es den Männchen verhältnismäßig gut. Zur Fortpflanzung werden sie nur über die Verfolgungsjagden paarungsbereiter Weibchen richtig in Anspruch genommen. Die Produktion von Sperma ist auf ihren Stoffwechsel bezogen nahezu bedeutungslos, verglichen mit dem, was die Weibchen in den Nachwuchs investieren. Denn wenn die Jungen bei der Geburt auch nur knapp zehn Gramm wiegen, macht ein Wurf von fünf Babys immerhin mit rund 40 Gramm ein Achtel des Körpergewichts der Mutter aus. Weit höhere Ausgaben an Nährstoffen und Energie kommen dazu, weil die Mutter die noch blind und nackt geborenen Jungen wärmen und mit Milch versorgen muss – neun Wochen lang mindestens; nicht selten aber an die zehn Wochen. Ein Fellchen bildet sich bei den Kleinen im Alter von zehn bis zwölf Tagen. Nach drei Wochen sehen sie dann schon deutlich genug nach Eichhörnchenbabys aus. Aber erst nach gut einem Monat öffnen sich ihre Augen. Die Jungen sind dann etwa 70 Gramm schwer. In dieser kurzen Zeit haben die Geschwister zusammen bereits das Gewicht der Mutter erreicht, wenn es sich um einen Wurf von fünf Babys gehandelt hat. Es mutet kaum glaubhaft an, dass nach so einer immensen Anstrengung schon drei Monate nach dem ersten Wurf ein zweiter folgen kann. Aber nur, wenn das Weibchen in sehr guter körperlicher Kondition ist. Der Vater hilft bei der Jungenaufzucht überhaupt nicht. Womit auch? Er kann keine Milch geben. Ist der zweite Wurf erfolgreich, hat das Weibchen mindestens das Dreifache des eigenen Körpergewichts an Nahrung und Energie in den Nachwuchs eines Jahres investiert.

Es versteht sich von selbst, dass dies nur bei sehr guter, nährstoff- und energiereicher Nahrung möglich ist. Die Zusammensetzung von Haselnüssen, die auch für die menschliche Ernährung als besonders gut geeignet gelten, verrät, warum: 62 Prozent Fett, also ein hoher »Brennwert« (= Energielieferant), 12 Prozent Eiweiß, also ganz erheblich mehr als in durchschnittlicher Pflanzenkost enthalten ist, und um die 10 Prozent Kohlenhydrate, die ebenfalls (besonders) leicht verdaulich sind und schnell Energie liefern. Deshalb bildeten Haselnüsse für die Menschen, die in der unmittelbaren Nacheiszeit in Europa als Jäger und Sammler unterwegs waren, eine lebenswichtige Grundnahrung. Ähnlich viel Gutes enthalten die Samen von Fichten und anderen Koniferen.

Mangelt es den trächtigen Eichhörnchen an so hochwertiger Nahrung, setzt ein biologischer Regulationsmechanismus ein. Die Embryonen werden in der Gebärmutter aufgelöst und resorbiert. Dieser Vorgang verhindert eine unnötige, weil erfolglose weitere Investition in den Nachwuchs, der keine Chance hätte, voll entwickelt und kräftig genug geboren zu werden. Es ist daher vorteilhaft, dass die Eichhörnchenbabys klein und unfertig zur Welt kommen. Mit ihren kaum zehn Gramm Gewicht sind sie Winzlinge. Ein Neugeborenes wiegt nur etwa zweieinhalb Prozent der Mutter. Ein Menschenbaby macht bei der Geburt rund fünf Prozent des Muttergewichts aus. Doch bei uns kommen Drillinge oder gar Fünflinge extrem selten vor. Beim Eichhörnchen sind aber drei bis fünf Junge pro Wurf normal. Also wird die Hörnchenmutter mit jeder Geburt doch stärker strapaziert als die Menschenmutter, zumal wenn es beim Eichhörnchen deren zwei im Jahr gibt. Dies ist einer der Gründe dafür, dass die Kleinen so unfertig und winzig geboren werden – aber nicht der einzige. Während ihrer Schwangerschaft muss die Eichhörnchenmutter weiter klettern und springen können, als ob sich bei ihr nichts verändert hätte. Mit drei oder fünf Babys im Bauch von Baum zu Baum zu hüpfen, nötigt da noch mehr Respekt für die Leistung des Eichhörnchens ab als der rechnerische Gesamtanteil der Kleinen im Mutterleib und was für ihre Entwicklung aufzubringen ist.

Die Eichhörnchenbabys sind sogenannte Lagerjunge. Wir könnten sie auch ausgeprägte Nesthocker nennen, um den Vergleich zu den Vogeljungen herzustellen. Klein und noch weit entfernt von Selbstständigkeit liegen sie im Nest. Was an ihnen besonders auffällt, sind die geradezu riesigen, noch von einer dünnen Haut bedeckten Augen. Bis die Kleinen nach etwa 40 Tagen nachgeburtlicher Entwicklung anfangen, aus dem Nest hervorzukrabbeln, sind sie voll und ganz von der Versorgung der Mutter mit Milch und Wärme abhängig. Erst jetzt beginnen sie selbst, feste Nahrung zu verzehren, die die Mutter mitzubringen begonnen hat. Doch auch im Alter von zehn Wochen würden sie ohne die sorgsame Betreuung durch die Mutter allenfalls unter günstigsten Umständen selbstständig überleben. Feste Nahrung verzehren zu können, ist nur eine Vorstufe zum eigenständigen Nahrungserwerb. Bei einem weitgehend auf das Klettern als Fortbewegungsweise angewiesenen Säugetier ist ein ausgeprägtes Nesthockerdasein der Jungen ziemlich selbstverständlich. Laufjunge, die den Nestflüchtern der Vogelwelt entsprechen, kann es nur bei Säugetieren geben, die sich auf weithin offenem Boden fortbewegen. Doch so einfach liegen die Verhältnisse wiederum nicht, wie wir später bei der Betrachtung der Eichhörnchenverwandtschaft sehen werden. Bodenlebende Arten, wie Murmeltiere, Ziesel oder die allermeisten Mäuse und Ratten, die zusammengenommen die Mehrzahl der Arten der weiteren Verwandtschaft stellen, haben auch Lagerjunge. Obwohl diese in den Bodennestern geringeren Temperaturschwankungen ausgesetzt sind, entwickeln sich alle ähnlich langsam wie beim Eichhörnchen. Die Nesthocker der Vögel wachsen und reifen weit schneller als die Eichhörnchen, wenn wir Arten etwa gleicher Körpergröße betrachten. Krähen zum Beispiel. Ihre Jungen eignen sich gut zum Vergleich, weil die Rabenkrähen *Corvus corone* ähnlich viel wiegen wie die Eichhörnchen.

Jugendentwicklung und Geschlechtsreife

Die Eichhörnchenkinder sind nach ungefähr siebzig Tagen so weit erwachsen, dass sie sich selbst mit Nahrung versorgen könnten. Von der Mutter müssen sie nicht mehr gewärmt werden. Doch die Lebenswirklichkeit bietet selten das Optimale. Meistens sind die jungen Eichhörnchen noch weitere Wochen von ihrer Mutter abhängig und es wird in der Regel mindestens ein Jahr dauern, bis sie fortpflanzungsfähig werden. Etwa die Hälfte der in einem Jahr zur Welt gekommenen Weibchen bekommt im dritten Lebensjahr erstmals Junge. Wie dies zu verstehen ist, darüber gibt wiederum der Vergleich mit anderen Arten Aufschluss. Ziehen wir dafür die Wanderratte hinzu, weil sie ähnliche Körpergewichte erreicht wie die Eichhörnchen und als Angehörige der Familie der Mäuse (Muridae) jener der Hörnchen (Sciuridae) verwandtschaftlich hinreichend nahesteht. Ergebnis: Die Ratten erreichen die Geschlechtsreife viel schneller. Früh im Jahr geborene Weibchen werden bereits im selben Jahr trächtig. Im Alter von sieben Monaten erreichen sie die für eine Schwangerschaft nötige Kondition des Körpers. Die folgenden vierzehn Monate sind die Rättinnen dann hochproduktiv. Danach wechseln sie in einen Zustand, der wie bei der Menschenfrau Menopause genannt wird. In diesem sind sie körperlich noch ganz fit, bekommen aber keine Jungen mehr. Mit einem Alter von nur eineinhalb Jahren! Die Rättinnen sind also bereits Greisinnen, wenn bei den Eichhörnchen die Fortpflanzung erst richtig in Schwung kommt. Dies ist höchst seltsam, weil die Ratten, wie schon festgestellt, etwa die gleichen Körpergewichte haben wie die Eichhörnchen. Somit wären ähnliche Lebensabläufe zu erwarten. Tatsächlich verläuft das Leben der Eichhörnchen viel langsamer, obwohl sie uns so quirlig vorkommen. Ist vielleicht ihre Lebensweise so verschieden? Ratten klettern zwar auch, aber beträchtlich weniger und bei Weitem nicht so gut wie die Eichhörnchen. Wollen sie einen glatten Baumstamm hochklettern, sieht dies stümperhaft aus, falls sie es überhaupt schaffen. Die Eichhörnchen machen hingegen den Eindruck, dass es ihnen fast egal ist, ob es die Bäume hinauf- oder am Boden vorwärtsgeht. Dennoch bedeutet das Klettern für Eichhörnchen einen beträchtlich höheren Energieaufwand als simples Laufen oder Hüpfen. Weniger Offensichtliches kommt dazu, wenn wir Eichhörnchen und Ratten noch etwas genauer miteinander vergleichen. Die Ratten, insbesondere die sehr massigen Wanderratten, sind erheblich kompakter gebaut als die schlanken Eichhörnchen. Bei gleichem Körpergewicht haben die Hörnchen daher eine beträchtlich größere Körperoberfläche, über die Körperwärme verloren geht. Zur Aufrechterhaltung der Körpertemperatur von 38 bis 40 Grad Celsius muss das Eichhörnchen deshalb stärker »heizen« als die Ratte. Die Erzeugung von Wärme im Körper durch den Stoffwechsel steigt mit abnehmender Umgebungstemperatur stark an. Dies macht sich ganz besonders im Winter bemerkbar, wenn das Eichhörnchen Frosttemperaturen ausgesetzt ist. Es macht ja keinen Winterschlaf mit herabgesetzter Körpertemperatur wie die Siebenschläfer, die ihren Energiehaushalt damit grundsätzlich auf Sparbetrieb umstellen. Die Ratten leben unter ausgeglicheneren Temperaturbedingungen in der Kühle der Kanalisation im Sommer und der dort verbleibenden Wärme im Winter. Bewohnen sie Gebäude, die wir Menschen wohltemperiert halten, gestaltet sich ihr

Wärmehaushalt noch günstiger. Unter solchen Bedingungen kommen Temperaturschwankungen von nur zehn bis fünfzehn Grad zustande, die überhaupt nicht in den Frostbereich abfallen, während die Eichhörnchen draußen bis minus zwanzig Grad überstehen müssen.

Dieser doppelt in Anspruch genommene Energiehaushalt der Eichhörnchen, ein ungünstiges Verhältnis von Körperoberfläche zum Gewicht und eine große Temperaturspanne, die bewältigt werden muss, haben Auswirkungen auf die Fortpflanzung. Die Eichhörnchen können einfach nicht so früh trächtig werden wie die Rattenweibchen, wenn sie zu Beginn des Winters ein zu geringes Körpergewicht haben. Aber auch zu dick dürfen sie nicht sein, weil dies ihre Beweglichkeit einschränken und sie zur leichteren Beute für ihre Feinde machen würde. Das Gewicht des Eichhörnchens stellt einen Kompromiss zwischen einander entgegengesetzten Anforderungen dar. Einerseits müssen sie für ihren Lebensstil richtig schlank sein, andererseits sollten sie aber möglichst früh möglichst viele Junge bekommen können. Körperform und Lebensstil der Eichhörnchen schränken somit ihre Fortpflanzung ein. Der ganz andere Lebensstil der Ratten begünstigt diese wiederum. Mäuse und Ratten vermehren sich bekanntlich rasend schnell, sobald es dafür günstige Bedingungen durch ein entsprechend reichliches Nahrungsangebot gibt. Deshalb sind sie, nicht die Eichhörnchen, zu Schädlingen an unseren Nahrungsvorräten geworden, obgleich beide Nagergruppen solche Nahrung bevorzugen, die auch wir schätzen. Ein weiterer, ganz anders gearteter Vergleich lohnt ebenfalls. Es gibt Vögel, die ähnlich schwer wie Eichhörnchen sind und wie diese im Wald leben: die Krähenvögel. Auf den Eichelhäher ist daher bereits mehrfach Bezug genommen worden. Allerdings wissen wir, wenn es um Fortpflanzung und Jugendentwicklung geht, über seinen schwarzen Verwandten, die Rabenkrähe, erheblich mehr.

Die jungen Krähen schlüpfen nach 17 bis 21 Tagen Bebrütungszeit aus dem Ei. Jedes der drei bis fünf Eier eines durchschnittlichen Krähengeleges wiegt um die neunzehn Gramm. Ausnahmsweise können die Gelege aber bis zu sieben oder acht Eier umfassen. Bei einem Körpergewicht des Krähenweibchens von rund fünfhundert Gramm macht das Gelegegewicht daher etwa zwölf bis zwanzig Prozent aus. Das ist ein deutlich größerer Gewichtsanteil als der der Neugeborenen beim Eichhörnchen. Dieser nähert sich bei der Krähe aber jenem durchaus an, wenn man das reine Schalengewicht abzieht. Dann erreicht ein Ei gut drei Prozent des Körpergewichts, ein Dreier- beziehungsweise Fünfergelege bringt es somit auf einen Anteil von neun bis fünfzehn Prozent. Ein Krähenei und ein Eichhörnchenjunges entsprechen auf das Körpergewicht der Weibchen bezogen einander somit ganz gut. Auch pro Ei des Eichelhähers kommt ein ähnliches Verhältnis zustande. Also dürfen wir mit weiteren Vergleichen noch etwas tiefer gehen. Und da trennen sich die Welten der Vögel und der Säugetiere. Denn die frisch geschlüpften Eichelhäher und Krähen entwickeln sich außerordentlich schnell. Nach nur einer Woche haben sie bereits ein Gewicht von 130 bis 140 Gramm erreicht. Vor nahezu hundert Jahren, 1922, ermittelte der Zoologe Oskar Heinroth eine tägliche Gewichtszunahme von etwa 27 Gramm für die nestjungen Rabenkrähen. Nach 31 bis 32 Tagen können sie ausgewachsen und flügge sein. Da haben sie nahezu die Größe ihrer Eltern erreicht. Bei sehr guter Nahrungsversorgung der Jungkrähen werden diese bereits nach 25 bis 30 Tagen flügge. Das hat der

Biologe Jochen Wittenberg (1968) festgestellt. Die Eichhörnchenjungen brauchen mehr als doppelt so lang. Der Unterschied wird noch extremer, wenn wir berücksichtigen, dass die Jungkrähen nicht nur in der Lage sind, das Nest zu verlassen, sondern auch fliegen können. Das Fliegen kostet aber ein Mehrfaches an Energie verglichen mit dem Laufen. Grob bilanziert lässt sich sagen, dass die jungen Krähen doppelt so schnell wie Eichhörnchenjungen aufwachsen und bereits im halben Alter das Doppelte zu leisten imstande sind. Anders als die ihrem Körpergewicht entsprechenden Ratten können die Krähen, wie auch die Eichelhäher, nur einmal pro Jahr nisten und Junge großziehen. Dafür leben die Krähenvögel länger, viel länger, wenn wir Abschuss durch Jäger außer Acht lassen. Ein Krähen- oder Häherleben kann zehn und mehr Jahre dauern, ohne dass sich Altersschwäche einstellt. Ein Rattenleben schafft es im Durchschnitt lediglich auf ein Fünftel dieser Zeitspanne.

Was sollen solche Zahlen. Sind sie lediglich Spielereien, für die sich Biologen interessieren? In der Natur gibt es eine Vielzahl unterschiedlicher Lebensstile. Weitere ließen sich anfügen, fast in beliebiger Zahl. Neue Befunde kommen hinzu. Sie würden eher langweilen, könnten wir nicht Grundsätzliches und für uns Menschen Wichtiges daraus entnehmen. Das Verhältnis zwischen Geburtenrate und Entwicklungsgeschwindigkeit des Nachwuchses einerseits und der Lebensdauer der Erwachsenen anderseits ist so ein Fall, der auch uns betrifft. Der Unterschied zwischen den Vögeln (Krähen) und Säugetieren (Eichhörnchen) ebenfalls.

Eichhörnchen bringen ein- bis zweimal im Jahr drei bis fünf Junge zur Welt. Ihr Nachwuchs braucht im Durchschnitt zweieinhalb Jahre bis zur Fortpflanzung. Würden sie zehn

Jahre alt werden, bringen es gesunde, kräftige Weibchen auf 30 bis 40 Junge. Eine Rättin schafft in ihrem durchschnittlich weniger als zwei Jahre dauernden Leben eine ähnliche Anzahl, nämlich bis zu 40 Junge (King 1939). Sie bezahlt diese hohe Leistung mit Lebenszeit. Zu genau diesem Schluss führen die vergleichenden Betrachtungen bei den Singvögeln, zu denen die Krähen gehören. Wer sich sehr schnell fortpflanzt, lebt kurz. Die Krähen werden aber alt. Sie versuchen nicht, im selben Jahr noch eine zweite Brut unterzubringen, und auch nach dem Flüggewerden fangen sie nicht nach Rattenart gleich mit der Fortpflanzung an. Sie übertreffen die Eichhörnchen an Lebenserwartung sogar beträchtlich, obwohl ihre Jungenaufzucht so schnell verläuft. Unter natürlichen Umständen um rund das Doppelte mindestens.

Darin äußert sich die große Besonderheit der Vögel, die uns Menschen leider fehlt. Ihr Leben läuft so sehr auf Hochtouren, wie es sich viele unserer Zeitgenossen wünschen oder mit einem Übermaß an Stress riskieren, dass sie einen Herzinfarkt bekommen. Die Krähen haben keinen Infarkt zu befürchten, obwohl sie mit ihrer Körpertemperatur von 42 Grad Celsius an der für uns höchst lebensgefährlichen oberen Fiebergrenze leben - andauernd, viele Jahre lang. Wenn sie Glück haben, bis über zwanzig Jahre in der freien Natur (Flindt 1985) und bei guter Haltung in geräumigen Käfigen durchaus ein oder zwei Jahrzehnte mehr. Die Eichhörnchen hingegen könnten die hohe Körpertemperatur der Krähen keine paar Tage aushalten. Die großen Vettern der Krähen, die Kolkraben, leben sogar noch länger. Ihre natürliche Lebenserwartung entsprach bis ins zwanzigste Jahrhundert hinein der von uns Menschen. Erst dank der Fortschritte der modernen Medizin und stark verbesserten Ernährung überholen wir nun die Raben. Unser zu erreichendes Lebensalter übertrifft sie im Durchschnitt um ein bis zwei Jahrzehnte. Damit sind wir aber biologisch die ganz große Ausnahme. Nicht nur in Bezug auf unsere biologisch nächsten Verwandten, die Menschenaffen, sondern innerhalb der ganzen Vielfalt der Säugetiere. Lediglich die größten Landtiere, die Elefanten, erreichen ein vergleichbar hohes Alter wie wir. Das ist wirklich äußerst seltsam: Die kleinen Raben, der Mensch und die Elefanten haben ungefähr die gleiche Lebenserwartung. Die Eichhörnchen haben uns hineingeführt in ein bedeutendes Grundphänomen des Lebens, die Lebenserwartung.

Lebensgeschwindigkeit und Lebensdauer

Lebensdauer und Fortpflanzung hängen offenbar eng miteinander zusammen. Eichhörnchen und Ratten erzielen eine recht ähnliche Gesamtleistung, dreißig bis vierzig Junge. Die Rättinnen schaffen diese mit schnellem, aber kurzem Leben, die Eichhörnchen mit einem langsameren, das entsprechend länger anhält. Und ihnen vielleicht auch mehr Spaß macht, würden wir aus menschlicher Sicht wohl gern hinzufügen. Die Krähen haben dagegen eine ganz andere Kombination geschafft. Sie verbinden die schnelle Entwicklung der Jungen mit, auf ihre Größe bezogen, sehr langer Lebensdauer. Wie geht das? Es geht, weil sie Vögel sind. Das klingt nach einer zu banalen Antwort, ist es aber nicht. Denn die Vögel sind tatsächlich anders. Ihr Leben verläuft intensiver als das der meisten Säugetiere. Insbesondere bei den Kleinvögeln geradezu auf Hochtouren. Das drückt sich in ihrer Körpertemperatur aus. Sie liegt um vier bis fünf Grad höher als bei den meisten Säugetieren ähnlicher Körpermasse. Was für uns Fieber ist, das ist für die Vögel Normaltemperatur. Notwendiger Normalzustand sogar, wenn es um das Fliegen geht. Der Flug erfordert einen so hohen Umsatz an Energie, dass eine nur 37 Grad warme Muskulatur bei kleineren Vögeln nicht genügend Leistung dafür erzeugen würde. Von der Dauerhaftigkeit ganz zu schweigen, wie sie der Langstreckenflug erfordert: Stunde um Stunde über Land und Meer oder Wüste mit kraftvoll schlagenden Schwingen. Um dies durchhalten zu können, ist zweierlei nötig: beste Versorgung der Muskulatur mit Sauerstoff und wirkungsvolle Abfuhr von Wärme, die bei ihrer Arbeit entsteht.

Die Vögel schaffen dies dank ihrer besonderen Lunge. Sie ist ein kompliziertes, schwammartiges Gebilde aus Röhren, die mit Luftsäcken im Vogelkörper verbunden sind. Beim Einatmen strömt die Luft zuerst unter der Lunge in die hinteren Luftsäcke und von diesen vorwärts durch die Lunge in die vorderen, von wo sie ausgeatmet wird. In der Lunge wird das überschüssige Kohlendioxid in die Atemluft abgegeben und Sauerstoff aufgenommen. Nirgendwo staut sich die Luft, wie es bei uns in der Lunge geschieht, weil sie wie bei allen Säugetieren aus zwei großen Blindsäcken besteht. Der Unterschied im Lungenbau bewirkt, kurz gefasst, dass die Luft in der Vogellunge auf gleiche Kapazität des Lungensystems bezogen vier- bis fünfmal besser ausgenutzt wird als in der Säugetierlunge. Oder, anders ausgedrückt, dass die Vögel mit einem Viertel bis einem Fünftel der Lungengröße gleich großer Säugetiere schon deren Leistungsniveau erreichen. Die ungleich bessere Vogellunge bringt es mit sich, dass die Vögel viel länger leben als ihrer Körpergröße entspräche, wären sie wie Säugetiere gebaut. Dank der ausgezeichneten Versorgung mit Sauerstoff können sich die Vogeljungen schneller als Säugetierjunge entwickeln. Aus dem speziellen Beispiel der Entwicklung von Eichhörnchen- und Krähenjungen lässt sich die allgemeine Regel ableiten, dass zwischen Leistungsfähigkeit des Körpers und seiner Versorgung mit Sauerstoff ein enger Zusammenhang mit der Lebensdauer besteht. Wir wissen, dass wir atmen müssen, befassen uns aber trotzdem meistens viel zu wenig mit dem »Wie« des Atmens. Beim Eichhörnchen haben wir gute Gründe anzunehmen, dass ihnen ihr munteres Umherhüpfen guttut, weil es über intensive Atmung die körperliche Fitness steigert. Eichhörnchen als Vorbild? Warum nicht. Wenn wir dieses muntere Tierchen richtig betrachten, erkennen wir, dass es kein kurzes Rattenleben führt, sondern auf seine Kleinheit bezogen ein ähnlich verlängertes wie wir. Denn wir Menschen leben um das Doppelte bis Dreifache länger als uns bei den Primaten auf unsere Körpermasse bezogen zukäme. Die weit größeren Gorillas erreichen nur etwa die Hälfte unserer Lebenserwartung. Diese Erkenntnis lohnt, weiter vertieft zu werden.

Ganz wichtig sind nämlich der verhältnismäßig lange Zeitabstand zwischen den Geburten und die langsame Entwicklung der Babys zum Kind und weiter über die Zeit als Jugendliche zum Erwachsenen. Bis Menschenkinder so weit herangewachsen sind, dass sie Kinder bekommen können, ist der Hauptteil des Lebens weit größerer Säugetiere längst vorüber. Große Hunde erreichen nur höchst selten ein Alter von 18 Jahren. Meistens müssen wir uns damit abfinden, dass ein Schäferhund oder ein noch größerer Hund nur zehn bis zwölf Jahre alt wird. Diese Lebensspanne können auch beste Haltung und medizinische Versorgung nicht nennenswert verlängern. Für uns Menschen tritt nach einem Jahrzehnt Lebensalter die Zeit des Übergangs von der späten Kindheit zur frühen Jugendzeit ein. Noch krasser werden die Unterschiede, wenn wir an die Lebenserwartung des Viehs denken. Eine Milchkuh wird nach drei bis sechs Jahren geschlachtet, weil ihre Leistung bereits zu stark zurückgeht. Die Züchtung hat das Milchvieh dem Rattentyp extrem stark angenähert. Die Schweine sogar noch mehr. Denn anders als die Rinder mit normalerweise einem Kälbchen bekommen die Sauen ähnlich wie die Ratten ein halbes Dutzend Ferkel oder mehr. Ein Erfolgsrezept fürs Überleben wäre bei so großen Tieren eigentlich das Gegenteil von Massenproduktion von Nachwuchs mit kurzer Lebenszeit, nämlich wenige Junge zu bekommen und ihre Entwicklung zu verlangsamen, zumal wenn der Nachwuchs viel lernen soll. Für uns Menschen ist dies der selbstverständliche Lebensablauf. Die Zeit intensiven Lernens reicht von der frühen Kindheit bis ins Alter von etwa 25, hört aber nie auf. Bis ins hohe Alter lernen wir dazu. Die bedeutendste Lernphase liegt jedoch in der Zeit vor Erreichen der Geschlechtsreife. Da nimmt das Gehirn nicht nur am meisten auf, sondern es wird selbst auch am stärksten geformt und eingestellt auf die Herausforderungen des Lebens.

Für die Eichhörnchen gilt dies durchaus in vergleichbarer Weise, natürlich bezogen auf die für sie zutreffenden Bereiche des Lebens. Die Technik, harte Nüsse aufzunagen, und die Fähigkeiten des Gehirns, sich die vielen Verstecke zu merken, in denen im Herbst die Vorräte für den Winter untergebracht worden sind, erfordern eine lange, vertiefte Lernzeit. Nehmen wir an, dass Eichhörnchen eine natürliche Lebenserwartung von zehn Jahren verwirklichen könnten, würden die zweieinhalb Jahre Kindheits- und Jugendentwicklung ein Viertel dieser Zeitspanne ausmachen. Das entspricht fast dem Anteil bei uns Menschen. Verglichen mit den Ratten ist es jedenfalls eine sehr lange Zeit. Nach dem Selbstständigwerden können die Jungtiere lernen und sich auf neue Anforderungen einstellen. Doch je schneller das Leben abläuft, desto schematischer bleibt es zwangsläufig, einfach weil zu wenig Zeit zum Lernen und zum Entdecken neuer Möglichkeiten zur Verfügung steht. Vielleicht unterschätzen wir die Intelligenz der Eichhörnchen, weil es zu wenige Forschungen an ihnen gibt. Die leicht zu haltenden (Labor-)Ratten, für die man keine naturschutzrechtlichen Ausnahmegenehmigungen braucht, lieferten höchst erstaunliche Einblicke in ihre rättische Leistungsfähigkeit und Intelligenz. Wo würden die Eichhörnchen im Vergleich dazu stehen, gäbe es ähnlich viele und tiefschürfende Forschungen an ihnen? Bloßes Zuschauen, was sie draußen so treiben, reicht nicht. Ohne die intensive Forschung mit Ratten wüssten wir nahezu nichts über sie. Und auch ein beträchtliches Stück weniger über uns Menschen. Die obigen Vergleiche sind daher sehr wohl gerechtfertigt. Sie werden noch aufschlussreicher, wenn wir im Ausblick den Siebenschläfer und andere Winterschläfer betrachten. Denn die Alternative zum andauernd schnellen, hektischen Leben ist der Winterschlaf. In diesem Zustand läuft das Leben auf Sparflamme, zumal wenn der Temperaturunterschied zwischen Innen und Außen, zwischen dem lebendigen Körper und der Außenwelt, extrem wird.

Machen wir uns aber noch mit weiteren Eigenheiten des Eichhörnchens vertraut, die gleichfalls in überraschender Weise mit ihrem Energiehaushalt und der Umwelt zusammenhängen.

Buschiger Schwanz und rundes Gesicht – die äußeren Merkmale

Haare, Fell und Haarung

Eichhörnchen sehen niedlich aus. Zu diesem Urteil kommen wohl die allermeisten Menschen. Mehrere Besonderheiten ihres Körpers tragen dazu bei, dass sie so wirken. Der buschige, zumeist elegant geschwungen gehaltene Schwanz beeinflusst den Gesamteindruck besonders stark. Mit seinen weit abgespreizten, bis zu zehn Zentimeter langen Haaren sieht er fast ähnlich groß aus wie das Eichhörnchen selbst. Auch wenn es nur dasitzt und sich mal für Sekunden stillhält, vermittelt der s-förmig aufgerichtete Schwanz das Gefühl, dass das Tierchen sehr aufmerksam ist – was gewiss stimmt. Eichhörnchen sind immer wachsam. Die Schwanzhaltung dürfen wir sogar wie ein Fragezeichen deuten; ein Zeichen, das offenlässt, was im nächsten Moment geschehen wird. Dass wir mit solchen Einschätzungen zu sehr vermenschlichen, ist durchaus gerechtfertigt, denn die Wirkung auf die natürlichen Feinde, wie Habicht und Marder, ist genau diese Unbestimmtheit: Bleibt das Hörnchen weiter sitzen? Springt es sogleich ab? Wenn ja, wohin? Der Versuch, es zu erbeuten, wird keinesfalls gelingen, wenn der Angriff auf genau den Punkt ausgeführt wird, an dem das Eichhörnchen momentan sitzt. Im Bruchteil einer Sekunde wird es woanders sein. Und dass es den buschigen Schwanz wie einen Schutz von hinten bis über den Kopf dreht, hat eine besondere Bedeutung. Es kann durchaus sein, dass der zupackende Feind den Schwanz zu fassen bekommt und ins Leere greift, weil sich unter dem buschigen Gebilde nur eine dünne Rute aus Knochen befindet. Im äußersten Notfall wäre sogar ein Stück Schwanzhaut mitsamt den Haaren entbehrlich. Das Eichhörnchen überlebt den Verlust. Der Beutegreifer hingegen hat nur Haare und etwas Haut, aber keine verwertbare Beute. Je größer sich das Eichhörnchen mit gespreizten langen Schwanzhaaren macht, desto wirkungsvoller wird daher dieser Schutz.

Doch die Schwanzhaare signalisieren auch anderen Eichhörnchen Wichtiges. Äußerlich bestens sichtbar, drücken sie die innere Stimmung aus, ob diese erregt ist oder ruhig, ob die Annäherung eines anderen Eichhörnchens einigermaßen willkommen ist oder heftig abgelehnt wird. Eichhörnchen mögen einander bei Weitem nicht so sehr, wie wir meinen möchten, weil sie so nett aussehen. Nett zueinander sind sie eigentlich nie, von der Beziehung der Jungen zu ihrer Mutter abgesehen. Aber das ist eine biologische Notwendigkeit. Gesträubte Haare, aufgerichtete Ohren, deren lange Haarbüschel an der Spitze die Ohrhaltung verstärken, bedeuten schlicht »Vorsicht, Annäherung unerwünscht!«. Und wenn die Eichhörnchen gar mit ihrem Schwanz zucken, als ob dieser ein Eigenleben führen würde, kann es riskant werden, sich weiter zu nähern. Warnendes Keckern unterstreicht die Drohung. Die Haare werden als Signalgeber im Umgang untereinander eingesetzt. Das ist bei vielen Säugetieren so, uns Menschen eingeschlossen. Wir müssen uns allerdings mit den kläglichen Resten rein biologischer Haarwirkung begnügen, etwa wenn sich aus Wut oder Angst die winzigen Nackenhaare aufstellen und uns ein »Schauer« über den Rücken läuft. Eindruck bei anderen erwecken diese Minihaare wahrlich nicht. In uralten Zeiten, als unsere fernen Vorfahren noch ein Fell ähnlich dem der Menschenaffen trugen, hätten die aufgerichteten Haare einen größer und kräftiger erscheinen lassen. Die Aufrichtung der Haare hatte in grauer Vorzeit unserer Entwicklungsgeschichte zudem die Funktion zu wärmen. Weil das Fell mehr Luft einschließt und den Verlust von Körperwärme mindert, wenn die Haare gesträubt sind, als wenn sie glatt anliegen. Die Temperatur müssen wir, die weitgehend nackt gewordenen Primaten, mit Kleidung regulieren. Säugetiere, die ein dichtes Fell tragen, tun dies nicht nur direkt über die Stellung der Haare, sondern auch indirekt in jahreszeitlicher Folge über die sogenannte Haarung.

Bei dieser wechseln Dichte und Länge der Haare vom Sommer zum Winter. Im Spätsommer oder Herbst wächst mit neuer Unterwolle das dichtere, besser wärmende Winterfell. Im Frühjahr fallen viele der großen Grannenhaare und Teile der Unterwolle aus und werden durch kürzere ersetzt. Sie bilden das Sommerfell. Als Eichhörnchenfelle noch in großer Zahl für die Herstellung von Pelzmänteln verwendet wurden, benutzte man dafür nicht den lockeren, eher schäbig wirkenden Sommerzustand, sondern das frisch gehaarte Winterfell mit sehr dichter Unterwolle, das vom Spätherbst und Beginn des Winters am besten ist. Aus den besonders dichten, durch eine graue Tönung charakterisierten Fellen Sibirischer Eichhörnchen wurden »Feh« genannte Pelze gefertigt. Unseren Eichhörnchen droht gegenwärtig die Verarbeitung zu Pelzmänteln nicht mehr, sehr wohl aber ihren Feinden, den Mardern und dem Zobel *Martes zibellina* in den nordrussischen Wäldern. Auch bei diesen »Pelztieren« ist das Winterfell viel dichter und damit wertvoller als das Sommerfell. In diesem sehen Weibchen am schäbigsten aus, die kleine Junge zu versorgen haben. Auch bei den Eichhörnchen ist das so. Diese Befunde verweisen auf die Herkunft der Haare. Sie entstehen nicht einfach so. Sie wachsen aus besonderen Bildungszentren in der inneren Haut, der Dermis, nicht aus der oberen, der Epidermis, die fortwährend abgenutzt und abgestoßen wird. Aus der Dermis entsteht das Leder, wenn die Haut gegerbt wird. Von der Epidermis stammen die Hautschuppen, die für manche Menschen ein ästhetisches Problem sind. Diese Klarstellung ist wichtig, um zu verstehen, wie Haare gebildet werden - und warum. Die Haut als Ganzes stellt nicht nur die äußere Begrenzung des Körpers dar. Sie ist auch ein Ausscheidungsorgan. Abgesondert werden insbesondere Stoffe, die Bestandteile von Eiweißverbindungen, von Proteinen, enthalten. Die Haare sind Eiweißverbindungen - recht »harte« und widerstandsfähige sogar. Hauptbaumaterial ist ein Eiweißstoff namens Keratin. Es ist so stabil, dass von Säugetierkadavern Haare länger erhalten bleiben als alles andere, auch die Knochen. Außer es handelt sich um sehr große, massige Knochen. Und weil Haare aus Eiweißbestandteilen aufgebaut sind, ermöglichen sie auch die eindeutige Identifizierung, woher sie stammen. Von welcher Art und sogar von welchem Individuum. Bei der Aufklärung von Verbrechen spielen bekanntlich nicht selten Haare, die Täter unbemerkt am Tatort verloren hatten, eine entscheidende Rolle, weil mit ihnen die Person eindeutig genetisch identifiziert werden kann, von der sie stammen. Das gilt gerade so für Haare anderer Säugetiere, wie etwa solchen vom Wolf im Unterschied zu äußerlich sehr wolfsähnlichen Hunden.

Nun begehen Eichhörnchen zwar keine Verbrechen, die

aufgeklärt werden müssten, aber bei den Veränderungen in ihrem Fell vollziehen sich die grundsätzlich gleichen Vorgänge wie bei uns Menschen. Von uns wissen wir, dass sich Schweiß nach kurzer Zeit ziemlich geruchsintensiv bemerkbar macht. Das Wasser, das beim Schwitzen unter Beteiligung von Salzen ausgeschieden wird, kann allein aber keinen Geruch erzeugen. Dieser entsteht auf andere Weise. Mit dem Schweiß werden bei uns jene Eiweißbestandteile, Aminosäuren, abgeschieden, aus denen im normalen Säugetierfell die Haare gebildet werden. Diese Aminosäuren verwerten Bakterien auf der Haut als Nahrung. Dabei entstehen die unangenehmen Gerüche aus Aminosäuren, die Schwefel enthalten. Sie bewirken die Elastizität der Haare. Verbrennen wir Haare, riechen wir die Schwefelverbindungen als stechendes Schwefeldioxid. Die Haarbildung konzentriert sich beim Menschen auf den Kopf. Dank dieser extremen Verminderung des säugetiertypischen Fells können wir sehr intensiv schwitzen und damit den Körper kühlen. Und anhaltend sehr aktiv sein, laufen und arbeiten.

Haarbildung und Stoffwechsel

Mit den Eichhörnchen hat dieser Ausblick auf uns selbst recht viel zu tun. Denn nur, wenn wir berücksichtigen, was bei der Bildung von Haaren geschieht, verstehen wir den saisonalen Haarwechsel und seine Bedeutung für den Stoffwechsel. Haare sind, um es nochmals zu betonen, Gebilde aus Eiweiß. Eiweißstoffe gibt es in der Natur weit seltener als Kohlenstoffverbindungen wie Zucker, Stärke und Zellulose.

Letztere können wir stark vereinfachend die Brennstoffe für den Stoffwechsel nennen. Sie liefern dem Körper die nötige Betriebsenergie. Eiweißhaltige Nahrung hingegen enthält die Baustoffe für das Wachstum und für die Entwicklung von Nachkommen sowie, bei den Säugetieren, für die Erzeugung von Milch. Proteine und ihre Baustoffe, die Aminosäuren, sind also »wertvoll«; viel wertvoller als Zucker für den Körper. Auf diesen Zusammenhang war bereits bei Nahrung und Nahrungswahl der Eichhörnchen hingewiesen worden. Wenn es um Fell und Haarwechsel geht, wird die Unterscheidung von Betriebsstoffwechsel und Baustoffwechsel noch wichtiger. Denn die Bildung von Haaren kostet auch Energie. Wäre es da nicht besser, einmal gebildete Haare so lange wie möglich zu tragen und nur so viel davon zu erneuern oder zu ersetzen, wie durch mechanische Abnutzung verloren geht? Zum Beispiel wenn Haare beim Klettern und Herumspringen irgendwo hängen bleiben. Das sollte auf jeden Fall günstiger sein als der komplette Ersatz des Winterfells durch das dünnere, lockerere Sommerfell. Für das Winterfell könnten dann einfach die benötigten zusätzlichen Haare wachsen. So würden wertvolle Proteine und Energie gespart. Und da es anders als in der Menschenwelt vielfach üblich, in der Natur nachhaltig ökonomisch zugeht, sehen wir uns bei der Beurteilung von Haar- und Fellwechsel mit einem Problem konfrontiert. Einem, das unter Säugetieren so weit verbreitet vorkommt, dass wir üblicherweise nicht weiter darüber nachdenken. Auch Pferde wechseln Winter- und Sommerfell, manche Hunderassen tun dies sehr ausgeprägt und bei Schafen löst sich die Winterwolle im Frühjahr gleich in solch dicken Lagen, dass man sie, wenn man nicht weiß, was geschieht, für krank halten könnte. An Reh und Hirsch sehen wir den großen Fellwechsel auch. Beim Reh ist er sogar mit einem auffälligen Farbwechsel verbunden. Im Herbst geht das rotbraune Sommerfell in das graue Winterfell über, das dann im Frühjahr wieder durch das »rote« ersetzt wird. Fellwechsel findet bei Wildtieren noch ausgeprägter statt als bei den seit Jahrtausenden gezüchteten Nutztieren. Was ist der Grund für diesen verschwenderisch anmutenden Umgang mit den angeblich so wertvollen Aminosäuren? Die Lebensweise des Eichhörnchens liefert uns den tieferen Grund für den regelmäßigen Haarwechsel ganz anschaulich.

Es liegt an der Nahrung. Nahezu nie enthält sie die vom Körper benötigten Stoffe in ganz genau den Mengenverhältnissen, die dem Bedarf entsprechen. Bei von pflanzlicher Kost lebenden Arten sind Kohlenstoffverbindungen im Übermaß vorhanden, während Eiweiß sehr rar ist. Bei Tieren, die sich von anderen Tieren ernähren – wenn sie groß sind, werden sie Raubtiere genannt, sind sie jedoch winzig klein, dann sind es Parasiten –, überwiegt der Proteingehalt bei Weitem und die Kohlenstoffverbindungen sind rar. Mischköstler, wie wir Menschen, versuchen zwar, zu einem ausgewogenen Verhältnis zwischen »Brennstoffen« (Kohlenstoffverbindungen) und »Aufbaustoffen« (Proteinen) zu kommen, aber das hängt von den Umständen, insbesondere von den saisonalen Möglichkeiten der Ernährung ab. Beim Eichhörnchen überwiegt nach dem Winter in aller Regel die pflanzliche Kost, wie junge Triebe oder Baumsäfte. Sie enthält wenige Proteine. Erst mit den großen Pflanzensamen, wie Nüssen und Eicheln, steigt der Proteingehalt zusammen mit Ölen und Stärke als Energielieferanten. Aber da ist schon der Herbst gekommen. Im Frühjahr und Frühsommer versuchen die Eichhörnchen, ihren Proteinbedarf dadurch zu decken, dass sie nach Insekten sowie Singvogelnestern mit Eiern und kleinen Jungen suchen und diese »ausräubern«. Dass wir Menschen uns früher mit der Suche nach Vogeleiern, zum Beispiel solchen von Kiebitzen, Enten und Seevögeln, ganz ähnlich betätigten und uns eine anhaltende Quelle frischer Eier ab dem Frühjahr mit der Hühnerhaltung verschafften, bedenken wir nicht einmal mehr bei der Ostereiersuche. Sie ist längst der mit Schokoladeneiern versüßte Ersatz für die in früheren Zeiten echte Suche nach Vogelgelegen geworden. Lebenslust und Stoffwechsel kamen mit den Eiern wieder in Schwung nach ihrer Dämpfung in den Wintermonaten.

Die zweite große Umstellung in der Zusammensetzung der Nahrung ergibt sich im Spätsommer und Herbst mit der Ernte. Sie liefert den Überschuss an Kohlenhydraten (Stärke & Zucker), bei den Eichhörnchen zusätzlich mit dem Fettgehalt der Nüsse. Wird viel energiereiche Kost verzehrt und in Form von Fett für den Winter gespeichert, entsteht ein Überschuss an Proteinen, die der Körper jetzt nicht mehr benötigt, weil er weder wächst noch Babys zu ernähren hat. Dieser Proteinüberschuss führt gleichsam kostenfrei zu verstärktem Haarwachstum, zur Bildung des Winterfells, weil damit die Proteine nutzbringend entsorgt werden. Umgekehrt erzwingt der Proteinmangel im Frühjahr die Haarung mit Ersatz durch ein dünneres, lockereres Sommerfell. Die beginnende Fortpflanzung benötigt vermehrte Aufnahme von Nahrung. Bei den Weibchen fließen die Proteine nun in zwei unterschiedliche Kanäle: in die Versorgung der Jungen im Körper, die Aminosäuren mit Schwefel für die Bildung von Strukturproteinen nötig haben, und in die Haarbildung. Im Herbst geht es nur in den einen Kanal der Haarbildung. Haben die Eichhörnchen reichlich Nüsse und Eicheln vom letzten Herbst gespeichert und war der Winter ergiebig mit reifen Fichtenzapfen, kommt kein Engpass in der Proteinversorgung zustande. Die Fortpflanzung setzt, wie dargelegt, früh ein, sodass schon gegen Ende des Winters Junge geboren werden. Die Weibchen verfügen in so einem Fall über gute Quellen von Proteinen für die Milchbildung. War der vorausgegangene Herbst aber unergiebig für Samen und Zapfen, brauchen die Eichhörnchen bis zum Frühsommer, um fortpflanzungsfähig zu werden. Die vorhandenen geringen Proteinreserven benötigen sie für den Haarwechsel, der auf jeden Fall zur besseren Einstellung auf die sommerlichen Temperaturverhältnisse nötig ist. Haarwechsel und Fortpflanzung hängen also eng miteinander zusammen. Ein hinreichend dichtes Winterfell bildet die Voraussetzung für das Überleben des Winters. Im Sommer würde es zu einem Wärmestau im Körper führen, wenn viel und weit herumgesprungen werden muss. Die herbstliche Aktivität der Eichhörnchen bemerken wir meistens viel mehr als die spätwinterliche, weil da die Nüsse und Eicheln gesammelt und versteckt werden. Im Herbst werden also biologisch die Weichen gestellt; eine Charakterisierung, die treffend ausdrückt, worum es geht, nämlich wie viel Protein in die Fellbildung muss und was zusammen mit Fett in die Vorräte umgeleitet werden kann, die für die Fortpflanzung im nächsten Frühjahr verfügbar sein sollten. Dem Verstecken von Nahrung kommt deshalb für das Leben der Eichhörnchen eine Schlüsselrolle zu, weil sie, wie mehrfach betont, nicht zu dick werden dürfen. Das würde ihre Beweglichkeit beeinträchtigen und sie zur leichten Beute für ihre Feinde machen. Versteckte Nüsse entsprechen daher einem ausgelagerten Energievorrat.

Fellfarbe

Mit dem Fell sind aber noch weitere Funktionen verbunden, die für das Leben der Eichhörnchen wichtig sind. Es gibt »rote«, »braune« und fast ganz schwarze Eichhörnchen mit Übergangstönungen in der Fellfärbung. Über die Bedeutung dieser unterschiedlichen, sich im Winterfell verstärkenden Färbungstypen ist viel geforscht und gerätselt worden. Die Deutung, dass die Roten eine Farbanpassung an den Laubwald, die Dunklen an den Nadelwald seien, passt mit den im Freiland gewonnenen Befunden nicht so recht zusammen. Es gibt dunkle Eichhörnchen auch in Laubwaldgebieten und rötlichbraune in Fichtenforsten. In den Städten leben unterschiedlichste Farbtypen, die sich gar nicht mehr »Typen« zuordnen lassen. Also scheint die Fellfärbung von geringer Bedeutung im Leben der Eichhörnchen zu sein. Aber das kann ein Trugschluss sein, weil wir Menschen seit Jahrhunderten die natürliche Zusammensetzung und die geografische Verteilung der Wälder völlig durcheinandergebracht haben. Naturwald wurde von gepflanzten Forsten ersetzt. Nadelwald, insbesondere dichte Fichtenbestände, gibt es nunmehr großflächig und weit verbreitet in Regionen, in denen von Natur aus nur Laubwälder wachsen würden. In den Städten setzte man Nadel- und Laubbäume, wie es sich gerade ergab. Was einstmals großflächig weithin passte, ist durch die Menschen in ein mehr oder minder kleinteiliges Mosaik von künstlich begründeten Waldstücken umgewandelt worden. Klima und natürliche Feinde wirken daher nicht annähernd mehr so wie im Naturzustand. Dass es in diesem tatsächlich die Sonderung in hell rotbraune Eichhörnchen gegeben hatte, die vorwiegend in Eichenwäldern lebten, wo es an den Rändern viele Haselnussstauden gab, und in dunkle Farbtypen als Bewohner von Fichtenwäldern, lässt sich aus dem Zusammenwirken von Klima und Feinden durchaus ableiten. Ein dunkelbraunes Fell nimmt im Winter mehr Sonnenwärme auf als ein hell rotbraunes. Das ist vor allem in der natürlichen Nadelwaldzone im Hochgebirge bedeutsam, aber auch in den nordischen Nadelwäldern mit ihren sonnigen und kalten Hochdruckwetterlagen im Winter. Vom dunkleren Grün der Fichtennadeln hebt sich das dunkle Eichhörnchen weniger ab als das helle. Umgekehrt verhält es sich im lichten Eichenwald insbesondere im Frühjahr und Frühsommer mit den hellen Farbtypen, den roten. Die Farbstoffe, die Melanine, sind wie die Haare selbst Endprodukte des Stoffwechsels, deren Abscheidung über die Haut besser funktioniert als mit dem Darmexkrement oder über die Harnabgabe. Sie kommen in chemisch etwas unterschiedlichen Formen vor, nämlich als (sehr) dunkle Eumelanine und als rötliche Phäomelanine. Aus dem Verhältnis beider ergibt sich dann die tatsächliche Intensität der Fellfärbung. Diese ist genetisch bestimmt, wird aber auch von der Zusammensetzung der Nahrung in der Farbstärke beeinflusst. Und noch etwas: Die Exkremente der Eichhörnchen riechen kaum. Der Grund dafür ist, dass ihre Nahrung einen Großteil des Jahres wenig Eiweißstoffe enthält, die von schwefelhaltigen Aminosäuren mitgebildet werden. Was dennoch vorhanden ist, wird über die Haarbildung entsorgt. Sie geraten daher nicht oder nur in sehr geringen Mengen in die Exkremente. Typische Fleischfresser hingegen, deren Ernährung sehr reich ist an solchen Aminosäuren, scheiden Exkremente aus, die stark stinken – wie die Katzen zum Beispiel. Ihr Fell wächst im Verhältnis zum hohen Eiweißgehalt der Nahrung (zu) wenig. Ihr Kot stinkt stark, weil er viele schwefelhaltige Aminosäuren enthält. Manche Tiere, deren Nahrung entsprechend zusammengesetzt ist, sammeln die Stinkstoffe in einer besonderen Drüse und benutzen sie zum Markieren ihrer Reviere oder, wie die Stinktiere, zur Abwehr von Feinden, die sie bedrohen. Eichhörnchen könnten mit ihrem Kot keinen Feind abschrecken; Siebenschläfer noch weniger. Darüber mehr im abschließenden Teil über den Siebenschläfer. Und auch über die Bedeutung des Spielens. Denn diese hängt, wie sich zeigen wird, stark von der Art der Nahrung und vom Wachstum des Körpers ab. Hintergrund ist die Energiebilanz.

Das Fell der Eichhörnchen dient hauptsächlich dem Wärmehaushalt des Körpers im saisonalen Wechsel zwischen dünnem Sommer- und dichterem Winterzustand. Die von der Färbung abhängige Wärmeaufnahme im Winter aus dem Sonnenlicht trägt dazu bei. Aber die Haare geben auch wichtige Signale an die Artgenossen. Ihre Farbe tarnt in gewissem Umfang vor Feinden oder täuscht diese über die Haarstellung. Die Tarnung kommt zustande, weil einer der Hauptfeinde der Eichhörnchen, der Baummarder, wie die allermeisten Säugetiere rotgrünblind ist. Das helle Rotbraun der »roten Hörnchen« entspricht in Helligkeit und dem sogenannten Grauwert dem Grün des Eichenlaubes ähnlich gut, wie das dunkle Braun der »braunen Hörnchen« der Tönung der Fichtengipfel gleicht. Gegen den Habicht hilft die Farbanpassung jedoch nichts. Er ist ähnlich farbtüchtig im Bereich von Rot und Grün wie wir. Diesen Feind kann es allenfalls mit den Zuckungen des buschigen Schwanzes irritieren. Die Eichhörnchen selbst sehen ihr Rot oder Braun auch nicht als Farben, sondern als Abstufungen der Helligkeit eines wahrscheinlich dem Braun ähnlichen Grundtons.

Mit begrenzten Mitteln bewirkt das Fell des Eichhörnchens also Ähnliches wie die Kleidung bei uns Menschen. Wir wechseln sie in Abhängigkeit von den äußeren Temperaturbedingungen, nutzen sie als Signale, als Ausdruck von Persönlichkeit oder Zugehörigkeit zu bestimmten Gruppen. Kleidung ist keine bloße Notwendigkeit im Umgang mit unserer Nacktheit. Sie hat ganz unterschiedliche Bedeutungen. Entsprechend dürfen wir das Fell von Tieren nicht bloß in Zusammenhang mit dem Warmhalten des Körpers sehen.

Vorderpfoten wie Hände

Wir sind allerdings gewohnt, unsere Welt total getrennt und völlig anders als die Umwelt der Tiere zu betrachten. Die Sprache verrät jedoch mitunter mehr über engere Verbindungen, als wir ahnen. Etwa in der Doppeldeutigkeit von »begreifen«. Damit meinen wir meistens das Verstehen von etwas, obgleich es sehr wohl auch »anfassen« bedeutet. Die Verbindung ist aus guten Gründen eng, weil wir über das Zugreifen tatsächlich viel begreifen. Damit kommen wir wieder zurück zum Eichhörnchen. Es benutzt seine Vorderpfoten mit den vier Fingern ähnlich wie wir Menschen unsere Hände. Deshalb kommt es uns so geschickt vor. Eichhörnchen laufen wie die Mäuse auf dem ganzen Fuß. Wir Menschen ebenfalls. Sie sind wie wir Sohlengänger, so die fachliche Bezeichnung. Zehengänger, wie Katze und Hund, oder Zehenspitzengänger, wie die Huftiere Pferd, Kuh, Reh und andere, setzen bei der Fortbewegung nur den Zehenteil oder die Zehenspitzen auf dem Boden auf. Warum ist dies wichtig? Keineswegs nur, um die Vielfalt der Tiere in eine überschaubare Ordnung zu bringen. Ein Beispiel verdeutlicht dies. Manche Hunde lernen von selbst, die Klinke zu drücken, um Türen aufzumachen. Auch wenn diese senkrecht gestellt wird, schaffen sie es, weil sie sich aufrichten, mit einer Pfote neben dem Türgriff abstützen und mit der anderen in die richtige Richtung schieben. Auch für Katzen sind Türklinken kein allzu großes Problem, obgleich sie es vorziehen, uns mit Miauen dazu aufzufordern, für sie als Pförtner tätig zu werden. Zum Öffnen müssen sie hochspringen und mit den Vorderpfoten auf dem Griff landen. Für die Katze ist dies mühsamer als für einen beträchtlich größeren Hund. Hat die Türe aber einen Drehgriff, scheitern Katze wie Hund. Sie können mit ihren Pfoten nicht greifen. Schauen wir einem Eichhörnchen zu, wie es eine glatte Haselnuss handhabt, wird der große Unterschied sofort klar. Es benutzt die Vorderpfoten tatsächlich wie Hände. Bei Katze und Hund sind sie echte Pfoten. Hunde geben gern Pfote. So rührend dies auch aussieht, die Hand geben sie dabei nicht. Das Eichhörnchen könnte dies ohne Weiteres, wären seine Händchen nicht so klein, dass sie nicht zu unseren großen Händen passen. Eine Türe mit Drehgriff könnten sie leicht öffnen, hätte das Hörnchen die Größe eines Schäferhundes. So, wie es Nüsse, Pilze, Ästchen oder auch kleine Junge manipuliert, also »handhabt«, könnte es sicherlich mit vielen Werkzeugen umgehen, die wir benutzen. Die fellfreien, flach kissenartigen Ballen an der Unterseite der Pfoten wirken durchaus ähnlich wie unsere Handflächen. Aber da sie auf allen vieren laufen, begrenzt diese Notwendigkeit die mögliche Weiterentwicklung der Vorderpfoten der Eichhörnchen in Richtung Hand. Wie sehr die Fortbewegung dominiert, zeigt uns der Vergleich unserer Hände mit den Füßen. Obwohl innerlich in Bau und Anordnung der Knochen sehr ähnlich, sehen sie äußerlich ganz anders aus und sie wirken auch anders. Die Füße sind zum Gehen und Laufen da, die Hände zum Greifen. Vierbeinig mit ihnen umherzugehen, sieht nicht nur höchst lächerlich aus, sondern bringt nichts außer Schwierigkeiten. Da gehen wir lieber auf die Knie und ziehen den Unterschenkel mit den Füßen nach. Gorillas und Schimpansen beherrschen die vierfüßige Fortbewegung besser, dank ihrer längeren Arme, aber sie stützen sich dabei auf die Knöchel der halb zur Faust geschlossenen Hand, was zwar günstiger ist, aber auch nicht elegant aussieht. Aufgerichtet zweibeinig zu gehen, fällt ihnen schwer. Sie halten es nur über kurze Strecken durch.

Das Gehen und Laufen auf der ganzen Fuß- beziehungsweise Pfotenfläche lässt den Fingern einigen Freiraum für gezielte Einzelbewegungen. Dieser Gewinn vermindert jedoch die Geschwindigkeit des Laufens ganz beträchtlich – und noch mehr seine Dauerhaftigkeit. Eichhörnchen sind gute Kurzstreckensprinter. Über ein paar Meter offenen Boden zum nächsten Baum zu flitzen, gelingt ihnen sehr gut. Wir meinen, dass sie sehr schnell sind. Doch ihre Spitzengeschwindigkeit erreicht auf so kurzer Strecke auch ein Dackel. Zehen- und Zehenspitzenläufer sind ungleich schneller. Rennpferde, Gazellen und Windhunde charakterisieren die Spitzengruppe der Schnellläufer; Geparden die Sprinter. Geparden sind Katzen, aber ihre Pfoten ähneln denen von Hunden. Die katzentypischen Krallen können sie nicht zurückziehen. Mit langen Beinen, sehr schlankem Körper, der im Sprint wie eine waagerecht liegende Sprungfeder wirkt, und spezialisierten Laufpfoten erreichen sie mit über 100 Stundenkilometern die höchste Geschwindigkeit unter den Landtieren. Der Nachteil liegt in der starken Verminderung der Fähigkeit, mit den Pfoten zupacken zu können. Sie hetzen die Beute bis zur Erschöpfung und schlagen sie um. Mit spitzen Krallen nach Katzenart festhalten können sie diese nicht. Auch das Erklettern von Bäumen fällt ihnen schwer. Sind die Stämme sehr glatt, schaffen sie es gar nicht, senkrecht hochzukommen. Unsere Hauskatzen klettern ungleich besser, dank ihrer ganz nach Bedarf ausfahrbaren Krallen. Mit ihnen können sie Maus oder Vogel sehr gut packen, aber nicht wirklich ergreifen, nicht handhaben. Die Beute müssen sie zerbeißen, um Stücke davon schlucken zu können.

Wer Vorderpfoten wie Hände hat, ist besser dran, wenn es um die Behandlung der Nahrung geht. Genau dies sehen wir an den Eichhörnchen, wenn sie Nüsse bearbeiten. Ihre Vorderpfoten haben vier Finger, die sehr geschickt greifen können. Der Daumen ist verkümmert kurz. Die Pfoten der Hinterbeine tragen fünf gleichfalls fingerähnliche, seitlich weit abspreizbare Zehen. Zum Behandeln von Nahrung setzt es sich auf die verhältnismäßig langen Hinterbeine. Wie schnell und sicher das Hörnchen in dieser Haltung eine glatte Nuss handhabt, ist wirklich eindrucksvoll. Noch deutlicher wird die Benutzung der Vorderpfoten als Hände bei der Betrachtung der Bauwerke der Eichhörnchen und anderer Nagetiere. Wenn sie oben in einer Baumkrone in schwankender Höhe ein Nest aus dünnen Ästchen bauen und dieses innen feinfasrig und wärmend ausstatten, so mag das Bauwerk rein äußerlich zwar grob und sperrig wirken – aber kunstfertig ist es dennoch. Wer selbst einmal versucht, im Garten so etwas wie ein Eichhörnchennest ins Astwerk eines Busches zu bauen, wird gewiss viel schlechter abschneiden. Und das, obwohl unsere Hände die geschicktesten und sensibelsten unter allen Händen sind, die es von Natur aus gibt. Umso mehr sollten wir die Fertigkeiten der Nagetiere beim Nestbau bewundern. Die Nestchen von Zwergmäusen, kaum faustgroß, sind kleine Wunderwerke, die Burgen und Dämme der großen Biber wasserbautechnische Meisterleistungen.

Die Geschicktheit der Hände verbindet uns also mit den Nagetieren. Auch die kleine, »simple« Maus kann Nahrung in die Vorderpfoten zum Bearbeiten aufnehmen. Der verglichen mit ihr riesige Biber hält Aststücke in Händen und nagt auf den Hinterbeinen sitzend rundherum die Rinde davon ab. Kleine Biberjunge werden auf Händen aus dem Bau getragen, wobei die Bibermutter ein Stück unter Wasser mit ihnen schwimmt. Biber transportieren Schlamm vom Gewässergrund auf Händen zu den Dämmen oder zu der Burg, die sie bauen, und dichten Ritzen und Fugen ab. Aus Astwerk erbaute Biberdämme werden dabei wasserdicht. Sie stauen den Bach oder kleinen Fluss auf die von den Bibern benötigte Wassertiefe. Alles Handarbeit! Verschiedene Eigenschaften machen den Erfolg der Nagetiere als artenreichste Teilgruppe der Säugetiere aus, aber die Benutzbarkeit der Vorderpfoten als Hände gehört gewiss in die vorderste Reihe ihrer Spezialanpassungen. Beim Eichhörnchen fügen sich alle Fähigkeiten zu einer weitgehend optimalen Kombination zusammen. Sie sind schnell am Boden, können trotz ihrer Kleinheit weit springen, sehr gut klettern und dennoch die Vorderpfoten äußerst geschickt wie Hände benutzen.

Ein kurzes, rundliches Gesicht

Was sie mit ihren Händen machen, müssen sie auch sehen. Ihr kurzer Kopf ermöglicht dies. Sie haben keine spitze Schnauze wie Ratten und die meisten Mäuse, sondern ein rundliches Gesicht mit verhältnismäßig weit nach vorn gerichteten Augen. Das Kindchengesicht, das dabei entsteht, macht sie für uns so herzig und niedlich. Für die Eichhörnchen bedeutet es, dass es über ein für Nagetiere, ja für die meisten Säugetiere recht gutes tiefenscharfes Sehen verfügt. Beim blitzschnellen Sprung von Ast zu Ast oder gar von Baum zu Baum muss die Abschätzung der Entfernung ebenso stimmen, wie das exakte Zugreifen beim Landen gelingen muss. Augen und Hände, Sehen und Greifen, wirken genauestens zusammen. Die Sensibilität der Pfotenballen garantiert, dass das Eichhörnchen bei der Landung am angesprungenen Ort präzise auftrifft und ohne Verzögerung weiterlaufen, klettern oder springen kann. Es muss nicht erst einen Moment abwarten, wie eine Katze nach dem Sprung. Genauso präzise sieht es, was es sucht, seien es Eicheln, Haselnüsse oder Rindenpilze, ohne diese mit den langen Haaren an der Schnauze, den Vibrissen, blind ertasten zu müssen. Die Vibrissen, von denen es weitere an den Pfoten und am Körper gibt, helfen als zusätzliche Sensoren beim Herumflitzen im Astwerk. Sie warnen im letzten Moment vor Hindernissen, die vielleicht durch Blätter zu sehr verdeckt waren. Die Vibrissen sind ein zusätzliches Sinnesorgan für die Orientierung im gesichtsnahen Bereich. So etwas haben wir nicht. Lediglich die Lippen können ähnliche Informationen liefern, was die zum Mund geführte Nahrung betrifft. Dass Eichhörnchen und andere Nagetiere mit kurzem Kopf in dieser Hinsicht den Katzen ähneln, hat also gute Gründe. Die Vibrissen, bei den Katzen auch Schnurrhaare genannt, übernehmen die Nahorientierung im Bereich direkt vor dem Mund. Diesen können die Augen nicht mehr erfassen. Beim Hund und anderen Säugetieren mit langer Schnauze und sehr gut entwickeltem Riechvermögen ersetzt die Nase die Funktion der Vibrissen – Zumindest weitgehend, denn auch die Hundeschnauze trägt noch etwas »Schnurrbart«. Er fällt uns weniger auf als Kindern, die sich einen Spaß daraus machen, einen dösenden (braven, das heißt entsprechend toleranten) Hund mit leichtem Kitzeln der Vibrissen zu reizen. Tut man dies bei einer Katze, quittiert sie es eventuell durch einen plötzlichen Pfotenschlag mit ausgefahrenen Krallen. Mit dem Schnurren der Katze haben die »Schnurrhaare« nichts zu tun. Es wird im Kehlkopf erzeugt. Die Verkürzung der Schnauze ging auf Kosten des Riechvermögens. Denn wenn die Nase schrumpft, wird der sogenannte Riechkolben zwangsläufig kürzer und kleiner und damit die Leistung des Riechorgans schwächer. Einfach ausgedrückt: Was die Augen an Sehvermögen mit der Verkürzung der Schnauze gewinnen, geht an Riechvermögen verloren. Eichhörnchen schnuppern daher viel weniger herum als Ratten. Deren Welt ist weitgehend eine Geruchswelt. Die Fernorientierung läuft über das Hören. Bei den Eichhörnchen ist sie wie bei uns eine Welt des Lichts, der Bilder, Formen und Bewegungen. Sie meiden das Dunkel, in dem sich die Ratten wohl- und sicher fühlen.

All diese Eigenschaften und Besonderheiten fügen sich zusammen zur Lebensform Eichhörnchen. Wir erkennen es auf Anhieb. In den Wäldern und Parks ist es ein Unikat. Mit keinem anderen Tier verwechseln wir es. Ein paar Striche reichen, es zu zeichnen.

Sitzhaltung, buschiger, geschwungener Schwanz, aufgerichtete Ohren, rundlicher Kopf mit großen Augen und frei gehaltene Vorderpfoten bilden ein Icon. Dass wir es ähnlich leicht und sicher erkennen wie die einfache Skizze einer Ratte, drückt aus, wie eng Körperform und Leistungen miteinander verbunden sind. So eng, dass wir annehmen, andere Eichhörnchen, die es gibt, müssten eine ähnliche Lebensweise wie unser europäisches Eichhörnchen führen. Tatsächlich stimmt das. Aber bloß weitgehend, weil die Natur erfinderisch ist, wie es heißt, und sich immer wieder Neues entwickelt hat.

TEIL II

Die Eichhörnchen-Verwandtschaft

Weitere Eichhörnchenarten

Das (europäische) Eichhörnchen *Sciurus vulgaris* ist nur bei uns in Mitteleuropa ein Unikat. Es steht nicht für sich allein in der Welt der Nagetiere, sondern es hat Verwandte. Nahe Verwandte, die zur selben Gattung *Sciurus* gerechnet werden, gibt es in Kleinasien mit dem Türkischen Eichhörnchen *Sciurus anomalus*, in Japan mit dem Japanischen Eichhörnchen *Sciurus lis* und in Nordamerika, wo sogar elf verschiedene Arten leben. Unter ihnen das Grauhörnchen *Sciurus carolinensis*, auf das gesondert eingegangen werden muss, weil es in Europa, in England und in Norditalien, im 19. und 20. Jahrhundert eingebürgert worden ist. Die Unterteilung der Gattung in Arten hat sich im Lauf der letzten Zeit verändert. Gegenwärtig werden sogar 29 Eichhörnchenarten im Sinne der Gattung *Sciurus* unterschieden. Eine davon ist das Süditalienische Eichhörnchen *Sciurus meridionalis*. Ob es als eine eigenständige Art oder bloß als eine Unterart (Subspezies, geografische Rasse) der umfassenderen Art Eurasisches Eichhörnchen angesehen werden soll, ist strittig. Die Problematik der gegenwärtig stark zunehmenden Tendenz, weit verbreitete Arten in mehrere getrennte aufzuspalten, soll hier nicht weiter vertieft werden. So oder so ist für »unser« Eichhörnchen die Lage klar. Es kommt in einem riesigen Gebiet vor, das sich von der atlantischen Westseite Eurasiens bis in den Fernen Osten erstreckt. Damit hat es eines der flächengrößten Verbreitungsgebiete von Säugetieren. Dass es sich auf den japanischen Inseln im Lauf vieler Jahrtausende zu einer deutlich unterschiedlichen Form entwickelt hat, überrascht nicht. Mit zahlreichen weiteren Säugetieren und Vögeln verhält es sich genauso. Sie sind in Japan in so abweichenden Formen vertreten, dass sie auf Anhieb als eigene Arten aufgefasst werden. Als Inselformen, die lange Zeit vom Hauptvorkommen auf dem eurasiatischen Festland isoliert gelebt und sich den speziellen Lebensbedingungen angepasst haben, sind sie entstanden. Bei den süditalienischen Eichhörnchen ging diese Isolation nicht so weit. Daher ist ihr Status strittig. Auch die kleinasiatischen stehen unseren Eichhörnchen verwandtschaftlich näher als die japanischen.

Geformt hat diese Verbreitungsverhältnisse die Eiszeit mit ihren viele Jahrtausende währenden Vorstößen von Eis und extremer Winterkälte. Dadurch wurden Teile des eurasiatischen Gesamtbestandes der Eichhörnchen in sogenannte Refugien in klimatisch günstige Bereiche abgedrängt und isoliert. Besonders klar lässt sich die Eiszeitwirkung in Nordamerika erkennen, wo sich das Eis in den Kaltzeiten sehr weit nach Süden vorschob, weil kein Querriegel, wie bei uns die Alpen, die Extremkälte aufhielt. Dabei wurde fast die ganze Tier- und Pflanzenwelt des Kontinents in einen östlichen und westlichen Teil getrennt. Das östliche Refugium bildete der milde, vom Golfstrom erwärmte Südosten mit der Halbinsel Florida, das westliche zerlegte sich durch die Gebirge, die von den Rocky Mountains südwärts nach Mexiko reichen, in mehrere Einzelteile. In diesen entstanden die speziellen Eichhörnchenformen, die gegenwärtig als eigene Arten angesehen werden. Sie leben in geografisch getrennten Arealen. Darin steckt aber das Problem der Artabgrenzung.

»Gute Arten« sollten sich voneinander getrennt halten und auch dann nicht miteinander vermischen, wenn sich ihre Vorkommen überlappen und sie in denselben Lebensräumen vorkommen. Wie das Hermelin *Mustela erminea* und das Mauswiesel *Mustela nivalis* bei uns. Beide Wieselarten unterscheiden sich nicht nur deutlich in der Körpergröße, sondern sie paaren sich untereinander auch nicht. Sie sind richtige Arten wie Haussperling und Feldsperling oder wie die weit weniger bekannten Arten der Mäuse, die es bei uns gibt. Das kleine Mauswiesel wird, weil viel kleiner als das Hermelin, oft auch Zwergwiesel genannt. Der Größenunterschied schrumpft jedoch beträchtlich, wo nur das Mauswiesel vorkommt, nämlich in Südost- und Südeuropa. Dort erreichen die Mauswiesel fast die Körpergröße des Hermelins.

An solchen und vielen ähnlich gelagerten Fällen drückt sich ein grundlegendes Prinzip im Zusammenleben der Arten in der Natur aus. Ähnliche Arten müssen sich stark genug voneinander unterscheiden, wenn sie gemeinsam vorkommen. Wo nur eine Art ohne nahe Verwandtschaft lebt, ist dies nicht nötig. Bei gemeinsamem Vorkommen entsteht Konkurrenz. Sie verstärkt die körperlichen Unterschiede zwischen zwei oder mehr verschiedenen Arten. Das Ergebnis wird Nischentrennung genannt, weil sich Arten, die sich in Größe und in besonderen Anpassungen stark genug voneinander unterscheiden, bei der Nutzung der Lebensgrundlagen weniger oder keine Konkurrenz machen, insbesondere bezüglich Nahrung und Nahrungserwerb. Durch diese Nischentrennung können sie gemeinsam in einem Gebiet leben, bei hinreichend großer Differenz sogar direkt in den gleichen Lebensräumen. Das macht sie zu »guten Arten«, die miteinander auskommen. Leben sie hingegen geografisch voneinander so getrennt, dass sie natürlicherweise gar nicht in Kontakt zueinander geraten, gab und gibt es keine Veranlassung, sich voneinander entsprechend stark zu differenzieren. Die Japanischen Eichhörnchen wissen nichts von den Eurasischen, wie auch diese keinerlei Kontakt zu ihren japanischen Abkömmlingen mehr haben. Unüberbrückbar für die Hörnchen liegt das Meer zwischen ihnen. Die äußerlichen Unterschiede können daher gering bleiben oder praktisch fehlen. Die lange Zeitspanne der Trennung hat dennoch genetische Spuren hinterlassen. Die Japanischen Eichhörnchen sind genetisch eigenständig genug, um als eigene Art eingestuft zu werden, auch wenn sie den Fitnesstest nicht machen mussten, sich gegen die Eurasischen Eichhörnchen zu behaupten. Dass solche Umstände nicht bloß etwas sind, über das sich Spezialisten den Kopf zerbrechen, werden wir sehen, wenn es um die Einbürgerung der amerikanischen Grauhörnchen in England geht und was für Folgen sie für die dortigen europäischen Eichhörnchen hatte. Denn das Grauhörnchen lebt in Nordamerika mit dem zur selben Gattung gehörenden, also nahe verwandten Fuchshörnchen *Sciurus niger* zusammen, während die britischen Eichhörnchen bis zur Ankunft der Grauhörnchen keine weiteren Eichhörnchenarten als Konkurrenten hatten.

Wie bedeutsam die Konkurrenz ist, geht aus den Verbreitungsgebieten der amerikanischen Hörnchen besonders deutlich hervor. Die meisten Arten leben in geografisch klar getrennten Gebieten. Ein nordamerikanisches Artenpaar, das auf den ersten Blick wie »echte« Eichhörnchen ohne Büschelhaare an den Ohrspitzen aussieht, wird der den echten Eichhörnchen sehr nahe verwandten Gattung *Tamiasciurus* zugeordnet. Die eine von beiden Arten, Rothörnchen (in

Amerika Red Squirrel) *Tamiasciurus hudsonicus* genannt, kommt quer über den Kontinent in fast ganz Kanada und großen Teilen der nördlichen USA sowie in den Rocky Mountains vor, während ihre Schwesterart, das Chickaree *T. douglasii*, nur in den temperierten Regenwäldern auf der pazifischen Seite lebt, also von den Rothörnchen geografisch getrennt ist – oder dies gewesen ist, muss präzisiert werden, denn inzwischen kommen beide Rothörnchenarten durch die von den Menschen verursachten Veränderungen in Landschaft und Wäldern in Kontakt zueinander, sodass die Gefahr der »genetischen Unterwanderung« besteht. In den rund dreißig gegenwärtig existierenden Eichhörnchenarten sehen wir gegenwärtig somit einen Zeitquerschnitt zum Zustand ihrer Evolution, in deren Verlauf es in unterschiedlichem Maße zur Differenzierung in verschiedene Arten und Formen gekommen ist.

Auf die weitere Hörnchenverwandtschaft bezogen repräsentieren die Eichhörnchen nur einen, aber in etwa dreißig Zweige ausgewachsenen Ast, der mit weiteren Ästen und zahlreichen Arten die gesamte Familie der Hörnchen, Sciuridae, bildet. Sie umfasst an die 50 Gattungen mit 280 oder mehr verschiedenen Arten, die ein beeindruckendes Größenspektrum einnehmen. Dieses reicht vom nur 16 Gramm leichten Afrikanischen Zwerghörnchen *Myosciurus pumilio* des westafrikanischen Regenwaldes bis zu den sechseinhalb Kilogramm schweren Graumurmeltieren *Marmota baibacina* der zentralasiatischen Hochgebirge. Auch unser Alpenmurmeltier *Marmota marmota* und das Ziesel *Citellus citellus* gehören als Vertreter der ökologischen Teilgruppe der Erdhörnchen zur näheren Verwandtschaft des Eichhörnchens. In Nordamerika sind sehr bekannte Vertreter die Chipmunks, auch Streifen- oder Backenhörnchen genannt (Gattung *Tamias*). Unsere Eichhörnchen stellen allenfalls der Häufigkeit nach und mit ihrer sehr weiten geografischen Verbreitung so etwas wie eine Durchschnittsausgabe der Hörnchenfamilie Sciuridae dar. Tropische Baumhörnchen gibt es in katzengroßen Arten. Die Asiatischen Riesenhörnchen der Gattung *Ratufa* erreichen fast einen halben Meter Körperlänge, mit Schwanz das Doppelte, und bis drei Kilogramm Gewicht. Das ist rund das Zehnfache unseres Eichhörnchens. Noch größer wird das extrem rare, nur von wenigen Exemplaren aus Nordkaschmir bekannte Wollige Flughörnchen *Eupetaurus cinereus* mit bis zu 61 Zentimeter Körper- und bis 48 Zentimeter Schwanzlänge. Das ergibt gut »einen Meter Hörnchen«. Manche Arten sind recht bunt. Sie werden Bunthörnchen beziehungsweise Schönhörnchen genannt. Fellfarbtöne in Braun, Rotbraun oder Grau bleiben dennoch typisch für die Hörnchenfamilie. Aber das trifft auch für die meisten Säugetiere zu. Ihr Fell wird nicht annähernd so farbig wie das Gefieder der Vögel. Das liegt an der im Vergleich zur Feder einfachen Struktur der Haare.

Die Hörnchenfamilie bildet wiederum nur einen Spross der großen Verwandtschaftsgruppe der Nagetiere. Sie werden mit der Ordnung (Rodentia) von allen übrigen Säugetieren abgetrennt. Ihr Artenreichtum ist phänomenal und im Einzelnen noch gar nicht vollständig erfasst. Aktueller Stand sind etwa 2500 Arten in 481 Gattungen. Zu diesen gehören die uns vertrauten Mäuse und Ratten, Familie Muridae, die Bilche, Familie Gliridae, auch Schlafmäuse genannt, und die Biber, Familie Castoridae. Die beiden Biberarten, der Eurasische Biber *Castor fiber* und der nordamerikanische Kanadabiber *Castor canadensis*, sind mit bis über 30 Kilogramm

Gewicht Riesen unter den Nagetieren. Aber das südamerikanische Capybara *Hydrochoerus hydrochaeris*, ziemlich irreführend auch Wasserschwein genannt, wird sogar bis um die 50 Kilogramm schwer. Es gehört zur amerikanischen Untergruppe der Nagetiere, den Meerschweinchenartigen, und ist daher weit näher mit dem Meerschweinchen als mit dem Biber verwandt, dem es in der Lebensweise ähnelt. Zu den Nagetieren gehört somit fast die Hälfte aller existierenden Arten der Säugetiere. Sie sind nicht nur deren vielfältigste Teilgruppe, sondern der Gesamtzahl der Nager nach auch die erfolgreichste. Denn Ratten und Mäuse übertreffen uns Menschen global der Zahl nach gewaltig.

Moderne genetische Vergleichsuntersuchungen bestätigten, was von Zoologen schon lange angenommen worden war: Die Nagetiere bilden eine Parallelentwicklung zu den Primaten. Sie sind uns Menschen, die wir zu den Primaten gehören, näher verwandt als die meisten anderen Säugetierordnungen. Pointiert ausgedrückt: Menschen und Ratten/Mäuse sind die Spitzenprodukte der Evolution unter den Landsäugetieren. Wie schon angemerkt, nutzen wir deren verhältnismäßig gute Vergleichbarkeit höchst umfänglich in der medizinischen Forschung. In dieser sind Ratten und Mäuse als Modell und Ersatzorganismen für uns Menschen unverzichtbar.

Europäische Nagetiere

Sehen wir vom Süditalienischen und Kaukasischen Eichhörnchen ab, die Eichhörnchen bleiben, gleichgültig, ob ihnen der Rang einer eigenen Art oder nur einer Unterart zugebilligt wird, bildet das nordische Flughörnchen *Pteromys volans* den einzigen näheren, jedoch deutlich kleineren Verwandten unseres Eichhörnchens. Es wird knapp 100 bis 170 Gramm schwer. Das ist weniger als die halbe Körpermasse des Eichhörnchens. Das Flughörnchen ist ein Spezialist, ein höchst bemerkenswerter. Über seine Lebensweise ist wenig bekannt. Wie die deutsche Bezeichnung Flughörnchen drückt der wissenschaftliche Name seine wichtigste Eigenheit aus: *Pteromys*, die Gattungsbezeichnung, bedeutet Flügelmaus, und *volans*, der Artname, »fliegend«. Zusammen also Fliegende Flügelmaus. Flügel hat das Flughörnchen zwar keine und fliegen im üblichen Wortsinn kann es auch nicht. Aber seine Besonderheit ist die weite Haut seitlich am Körper. Sitzt es auf einem Ast, sieht das Flughörnchen aus, als ob es in einer viel zu großen Fellhülle stecken würde. Springt es von Baum zu Baum, spreizt es wie ein Eichhörnchen die Vorder- und Hinterbeine weit ab, aber noch stärker waagerecht. Dadurch wird die Bauchhaut zur Gleitschirmfläche aufgespannt. Angestoßen vom Impuls des Absprungs gleitet das Flughörnchen auf einer schräg abwärts gerichteten Bahn von Baum zu Baum. Durch Veränderung der Stellung der Vor-

Das Flug- oder Gleithörnchen *Pteromys volans* kann im »Flug« die Richtung steuern und zur weichen Landung aufsteilen, aber nicht aktiv flattern, sodass es sich tatsächlich um ein mehr oder weniger weites, gezieltes Gleiten handelt.

derbeine und des Schwanzes kann es den Gleitweg ganz gut steuern, sodass es nicht nur den Stamm des angepeilten Baumes genau erreicht, sondern zur Landung sich so aufsteilt, dass alle vier Beine gleich gut zugreifen können. Was wir beim Eichhörnchen bewundern, ist beim Flughörnchen im Sprung von Baum zu Baum perfektioniert. Seine Gleitstrecken werden, je nach Absprunghöhe, jedoch um ein Vielfaches länger als die Sprungweiten unseres Eichhörnchens. Von höheren Baumkronen aus sollen sie bis an die vierzig Meter weit reichen.

Das mag uns unnötig weit vorkommen, weil wir von unseren Wäldern gewohnt sind, dass die Bäume viel näher beisammenstehen. Doch in der Taiga, den ursprünglichen Nadelwäldern im Norden Eurasiens, wo das Flughörnchen lebt, ist das anders. Die Fichten und Lärchen stehen weit entfernt voneinander. Sie bilden keine dichten Baumbestände mit Krone an Krone wie unsere auf Holzertrag gepflanzten Fichtenforste. Zwischen den Bäumen ist der Boden der Taiga stark mit Zwergsträuchern bewachsen. Darüber zu laufen oder zu springen, wäre sehr aufwendig und mühsam. Jedenfalls weit weniger leicht als über die oftmals nur von Nadelstreu oder niedrigen Moospolstern bedeckten Waldböden bei uns. Unter solchen Verhältnissen ist es zweifellos günstiger, auf dem Luftweg von Baum zu Baum zu gelangen. Aber auch gefährlicher. Denn Greifvögel, wie Habicht und Falken oder am Tag jagende Eulen, die es in der Taiga gibt, können die dahingleitenden Hörnchen sehen und deren einfache Flugbahn für den blitzschnellen Angriff genau anpeilen. Die Flughörnchen verlegen daher ihre Aktivitäten in die weniger gefährliche Dämmerung, die in den nordischen Wäldern im Sommer recht lange dauert, und in die frühen Nachtstunden hinein. Doch mit Angriffen von Eulen und Käuzen müssen sie auch da rechnen. Im Winter bleiben sie bei ihren Aktivitäten in der Nähe ihrer Höhle. Winterschlaf halten sie nicht.

Mit diesen Eigenschaften stehen die Flughörnchen zwischen den Eichhörnchen und den Siebenschläfern, denen sie in der Körpergröße entsprechen und auch äußerlich ziemlich ähnlich sehen mit der Graufärbung ihres Fells und der siebenschläferartigen Kopfform sowie den besonders großen Augen. Solche brauchen sie für gutes Sehen in der Dämmerung, denn die Sprünge von Baum zu Baum müssen zielgenau ausfallen, auch dann, wenn der nächste Baum nicht so weit entfernt steht. Die Flughörnchen sind in dieser Hinsicht den gleichen Herausforderungen ausgesetzt, mit der auch der Siebenschläfer zurechtkommen muss. Aber als Angehöriger der »Schläfer«, der Bilche, überbrückt er die Winterzeit mit Winterschlaf. Diese Möglichkeit, mit schwierigen Außenbedingungen fertigzuwerden, nutzen andere Arten der Hörnchenartigen Europas. Daher sollen auch sie kurz behandelt werden, weil sie mit ihrer Lebensweise zwischen den voll tagaktiven Eichhörnchen und den nachtaktiven Bilchen vermitteln. Und damit zeigen, dass es in der Natur auch für verhältnismäßig nahe verwandte Arten recht unterschiedliche Formen des Lebens und Überlebens gibt.

Hörnchen sind, wie mehrfach festgestellt, spezialisierte Baumbewohner. Für die Eichhörnchen und ihre Gattungsverwandten trifft diese Einstufung zu. Aber nicht für die gleichfalls zur Hörnchenfamilie gehörenden Erdhörnchen. Einen Vertreter davon gibt es in den weitflächigen Steppengebieten Südosteuropas, das Europäische oder Gemeine Ziesel *Citellus citellus*. Bis 1961 gab es ein kleines Vorkommen davon in Sachsen. Gegenwärtig finden wir die nächsten Zieselkolonien in Ostösterreich, besonders im sogenannten Seewinkel am Neusiedler See. Es ist dies der westliche Ausläufer des Hauptvorkommens, das sich von der Ungarischen Tiefebene über die südosteuropäischen Länder bis ans Schwarze Meer und über die südrussischen Steppen nach Zentralasien hinein erstreckt, wo die Gattung durch zwei Arten vertreten wird, die dem Ziesel sehr ähnlich sind. Eines davon ist unter dem russischen Namen Suslik (deutsch Perlziesel) bekannt. Die Ziesel leben in baumlosen Steppen und offenen Grasländern mit kontinentalem Klima. Heiße, oft recht trockene Sommer und (sehr) kalte Winter mit anhaltenden Frostperioden charakterisieren die äußeren Lebensumstände. Das Fehlen von Bäumen mit geeigneten Höhlen oder der Möglichkeit, im Geäst Nester bauen zu können, erzwingt eine weitgehend unterirdische Lebensweise. Sie ähnelt der von Mäusen oder Murmeltieren.

Ziesel sind sehr schlank gebaut und deutlich kurzbeiniger als Eichhörnchen. Sie machen oft Männchen, wobei sie in der kurzrasigen Steppe Übersicht gewinnen. Hoch aufgerichtet in nahezu senkrechter Körperhaltung halten sie Ausschau nach Feinden, vor allem nach Greifvögeln. Diese versuchen, die Ziesel und die oft im selben Lebensraum gemeinsam mit ihnen vorkommenden Hamster *Cricetus cricetus* in blitzschnellem Angriff zu erbeuten. Auch ein Iltis, der Steppeniltis *Mustela eversmanni,* stellt den Zieseln und Hamstern nach. Für die Ziesel ist der Steppeniltis ein ähnlich gefährlicher Feind wie der Baummarder für das Eichhörnchen. In der Übersichtlichkeit der Steppe, deren Bewuchs natürlicherweise von Steppentieren, wie der Saigaantilope, und durch von Menschen gehaltene Weidetiere, wie Steppenrinder, Schafe und Ziegen, niedrig gehalten wird, bietet nur das Verschwinden in den unterirdischen Bau einigermaßen Sicherheit. Doch wie meistens ist das kein absoluter Schutz, denn ein weiterer ganz bedeutender Feind, das Hermelin, kann den Zieseln in die Baue folgen, weil es so schlank gebaut ist. Dennoch lohnte das Leben in der Steppe früher so sehr, dass sich die Ziesel und die Hamster sowie einige Arten von Mäusen mehr oder weniger regelmäßig in Massen vermehrten. So stark, dass die vereinten Kräfte von Greifvögeln, Steppeniltis und Hermelin die Zunahme nicht stoppen konnten. Weil sie mit ihrer eigenen Vermehrung viel langsamer sind als die kleinen Nagetiere. Dass deren Massenvermehrungen zustande kommen, hängt mit einer Eigenschaft der Steppe zusammen, die wir uns selten einmal, wenn überhaupt, klarmachen. Weil für uns, speziell für die Landwirte, nur das oberirdische Grün zählt, das die Wiesen oder Weiden hervorbringen.

Doch unter der Bodenoberfläche sitzt viel mehr Pflanzenmasse in Form des Wurzelwerks. In guten Steppenböden vom Typ der Schwarzerde macht sie 80 bis 90 Prozent der Gesamtbiomasse der Pflanzen aus. Anders ausgedrückt: Was oben wächst und abgegrast werden kann, ist nicht mehr als ein Fünftel dessen, was im Boden als Wurzelbiomasse vorhanden ist. Diese hat zudem den Vorteil, dass sie wenig oder gar keine Giftstoffe enthält, wie sie Pflanzen oberirdisch beim Wachstum als Fraßschutz ausbilden. Viele Kräuter sind für uns deshalb »aromatisch«, weil sie solche Abwehrstoffe enthalten. Die Gräser scheiden scharfe Kleinstkristalle aus Silikat ab, die auf andere Art wirken. Sie verursachen den starken Abrieb der Zähne der Grasfresser. Die Wurzeln ermöglichen den Gräsern und Kräutern aber nicht nur das rasche Wachstum im Frühjahr und Frühsommer, bevor die sommerliche Trockenheit und Hitze bremsen. Sie dienen den Winter über als Speicher für die Stoffe, die beim Wiederaustrieb im nächsten Frühjahr benötigt werden. Das macht Wurzeln attraktiv für Nagetiere. Noch mehr kommt durch die Art der Fortpflanzung der Gräser hinzu. Sie bilden Samen, die reich an Stärke und Eiweiß sind. Die Stärke enthält die Energie, die beim Keimen für rasches Wachstum nötig ist, das Eiweiß die Proteine, die ebenfalls dafür gebraucht werden. Gräser stellen für Nagetiere also über Samen und Speicherwurzeln von Natur aus in doppelter Weise günstige Ernährungsmöglichkeiten dar. Wir Menschen nutzen direkt nur Gräsersamen, nämlich in Form der Getreidekörner, indirekt aber die Leistungsfähigkeit des Wurzelwerks bei der Grünlandbewirtschaftung. Denn die Gräser ertragen mehrfache Mahd, weil sie so viele Reserven in ihrem Wurzelwerk im Boden haben. Dort liegen auch, normalerweise gut geschützt, die sogenannten Vegetationspunkte, von denen das neue Wachstum ausgeht. Einjährige Pflanzen, wie das Futtergetreide oder den Raps, kann man nur einmal mähen oder ernten; dann muss nachgebaut werden. Ihre Wurzeln treiben nicht wieder aus. Auch für andere Pflanzen, wie die allermeisten Arten der nicht zu den Gräsern gehörenden Kräuter, sind zu starker Verbiss und zu frühes Mähen fatal. Sie können sich nicht wie die Gräser regenerieren. Eichhörnchen, die Knospen der Waldbäume verbeißen, richten damit Schaden an, Schafe und Rinder, die Gras abweiden, fördern dagegen das Wachstum der Gräser. Erdhörnchen, wie die Ziesel, befinden sich daher in einer anderen Lage als die ähnlich großen Eichhörnchen. Sie können sich auf intensive Nutzung der Gräser und Kräuter in der unmittelbaren Umgebung ihrer unterirdischen Baue konzentrieren, ohne weit herumlaufen zu müssen. Nahrung wird selten einmal knapp. Aber sie ist bei Weitem nicht so ergiebig wie die Nüsse, Früchte und Knospen, von denen die Eichhörnchen leben. Vor allem enthält die Zieselnahrung viel weniger Proteine als die Eichhörnchennahrung. Dafür mehr, weit mehr Kohlenhydrate. Diese Verhältnisse prädestinieren zum Winterschlaf. Davon mehr beim Siebenschläfer. Hier ist ein anderer Ausblick angebracht. Die Steppengräser bilden

Die Nagetierverwandtschaft des Eichhörnchens im Größenverhältnis
1 Grauhörnchen *Sciurus carolinensis*, 2 Siebenschläfer *Glis glis*, 3 Eichhörnchen *Sciurus vulgaris*, 4 Wanderratte *Rattus norvegicus*, 5 Hausratte *Rattus rattus*, 6 Zwergmaus *Micromys minutus*, 7 Gleithörnchen *Pteromys volans*, 8 Hausmaus *Mus musculus*, 9 Bisamratte *Ondatra zibethicus*, 10 Schermaus *Arvicola terrestris*

1
2
3
4
5
6
7
8
9
10

zwar sehr viele, aber auch sehr kleine Samen. Als solche wären und sind sie als Nahrungsquelle attraktiv, weil sie Stärke und Eiweiß enthalten, aber schwierig zu nutzen, weil die meisten Samen so klein sind. Mit dem Ackerbau kamen ungleich attraktivere Gräser nach Europa, die Getreidearten. Ihre Körner sind so ergiebig, dass wir Menschen in großem Umfang davon leben.

So betrachtet, wird sofort klar, weshalb der Hamster seinen Namen bekam und warum Mäuse von der Landwirtschaft als Schädlinge eingestuft werden. Sie haben es vor allem auf die Getreidekörner abgesehen, die sie auch als Wintervorrat speichern. Die Ährenmaus *Mus spicilegus* bringt es unter Umständen auf über zehn Kilogramm in ihrem unterirdischen Bau gehorteter Körner. Üblich sind nach M. Görner und H. Hackethal (1987) vier bis sieben Kilogramm. Der Hamster ist ein besonderer Hamsterer. Im Herbst hortet er bis zu 15 Kilogramm Vorräte. Diese reichen, weil der Hamster Winterschlaf hält, den er nur kurzzeitig mehrmals unterbricht. Die Ziesel galten und gelten als weniger schädlich, da sie vorwiegend von Pflanzen leben, die das Weidevieh übrig lässt, und keine großen Wintervorräte »hamstern«, weil sie einen langen Winterschlaf halten. Würden sie ähnlich den Erntemäusen Vorräte sammeln, entstünden geradezu riesige unterirdische Körnerlager. Denn die Ährenmaus wiegt nur ein Zehntel der Ziesel. Als reines, kontinuierlich während des Winterschlafs Energie lieferndes Depot am Körper gespeichert, ist Fett für größere Arten der Nagetiere die günstigere Form der Speicherung. Die ähnlich wie Ziesel lebenden, verwandtschaftlich allerdings etwas weiter entfernt stehenden Murmeltiere zeigen dies mit ihrem gemeinsamen Winterschlaf im Familienbau und der großen Menge an Fett, das sie dafür unter der Haut ansammeln. Dieses Speicherfett aus Bergkräutern und Heu herzustellen, erfordert viel Zeit und umfängliche Nahrungsaufnahme im Sommer. Entsprechendes gilt für ihre Steppenversion, das Steppenmurmeltier, auch Bobak *Marmota bobak* genannt. Es lebt noch weiter östlich als das Ziesel in den zentralasiatischen Steppen und wird bis zu neun Kilogramm schwer. Vom Alpenmurmeltier, das nicht ganz so massig ist, unterscheidet es sich äußerlich und in der Lebensweise wenig. Die tief in den Boden reichenden Baue mit langen Gängen zu graben, ist zwar für ein Murmeltier aufwendig, aber lohnend. Denn die Wohnkessel können viele Jahre lang benutzt werden. Zudem dämpfen die Baue die äußeren Temperaturschwankungen. Sie bleiben bei großer Sommerhitze kühl, bei tiefem Frost im Winter aber wohltemperiert. So lange sich Ziesel, Hamster oder Murmeltiere und auch die kleinen Mäuse in ihren unterirdischen Bauen aufhalten, verlieren sie dank der Isolationswirkung des Bodens wenig Körperwärme und auch kaum etwas vom lebensnotwendigen, in der Steppe oft knappen Wasser. Das Eichhörnchen ist, um auf dieses zurückzublenden, den Unbilden der Witterung weit stärker ausgesetzt. Es könnte mit so wenig ergiebiger pflanzlicher Nahrung wie Gras und Heu seinen Bedarf an Energie nicht decken. Sein aufwendiges Leben führen kann es nur, zumal im Winter, mit der energiereichen Kost, wie sie in Wäldern in Form von Nüssen vorhanden ist. Solche gibt es in der Steppe nicht. Die Samen der Gräser, die sich die Ährenmäuse zusammensuchen, sind so winzig, dass sie für das Eichhörnchen unergiebig wären. Der Blick auf seine Verwandtschaft zeigt somit die ganz unterschiedlichen Vorzüge und Probleme auf, die Nagetiere zu meistern haben. Den Extremfall bildet bei uns der Biber.

Der Biber

Über die Probleme des Nagerlebens erhaben scheint der größte und in mancherlei Hinsicht interessanteste Nager, den es bei uns gibt, der Biber *Castor fiber*. Er ist äußerlich so ziemlich das Gegenteil der Eichhörnchen, nicht unähnlich einer Riesenmaus mit platt gedrücktem Schwanz und dumpf wirkendem Gesicht. Dieser Eindruck passt insofern, als die Proportionen des sehr kompakt gebauten Biberkörpers mit dem Mauskörper übereinstimmen. Ausgewachsen wird der Biber erheblich schwerer als ein Reh und erreicht mehr als 30 Kilogramm Gewicht. Mäuse und Ratten haben weitgehend nackte und ziemlich lange Schwänze. Der Biberschwanz trägt gar keine Haare (Borsten) mehr. Seine Haut ist schuppenartig ausgebildet. Dass er beim Tauchen als Höhensteuer dient, ist offensichtlich. Doch über den Schwanz kann auch überschüssige Körperwärme abgegeben werden. Wie bei den Ratten und den »Langschwanzmäusen«. Für den Biber ist dies immer dann wichtig, wenn er sich anhaltend anstrengen muss, etwa beim Umnagen eines Baumes. Dabei erzeugt die Muskeltätigkeit unter Umständen zu viel Wärme, wenn die Außentemperatur verhältnismäßig hoch liegt, wie das in Sommernächten oft der Fall ist. Denn der Biber steckt in einem extrem gut isolierenden Fell, das kaum Wärme nach außen abfließen lässt. Mit einem Gedankenversuch kann man sich klarmachen, wie anstrengend es sein muss, einen Baum von einem halben Meter Stammdurchmesser so mit den Nagezähnen zu bearbeiten, dass eine sanduhrförmige Einkerbung einige Handbreit über dem Boden entsteht. Weiteres Benagen führt schließlich dazu, dass das nie ganz gleich rundum verteilte Gewicht der Krone den Baum zu Fall bringt. Man versuche, das mit einem Taschenmesser nachzumachen – das darf durchaus Schweizer Messerqualität haben. Oder, realistischer, der Baumstamm wird mit einer scharfkantig geschliffenen Kneifzange bearbeitet. Denn so wirken die Schneidezähne im Bibergebiss. Allein die Vorstellung, dass sich Menschen mit einem Biber im Baumfällen messen, ausgestattet mit Kneifzange oder Taschenmesser, hat ihren Reiz. Der Schweiß, der dabei fließen würde, würde beim Menschen zum höchst deutlichen Anzeiger für die innere Wärmefreisetzung. Vom nachfolgenden Muskelkater ganz zu schweigen, so das Durchkneifen eines einen halben Meter dicken Baumes überhaupt an einem Stück geschafft würde.

Ohne gute Wärmeregulierung müsste der Biber seine Nagetätigkeit schon bald aufgeben. Denn er steckt in einem Fell, das zu den dichtesten und am besten wärmenden unter den Naturfellen überhaupt gehört. Bis ins 20. Jahrhundert hinein war die Qualität des Fells sein Verhängnis, insbesondere in Nordamerika, wo die Trapper hinter den Bibern her waren und immer tiefer in den für die Europäer neuen Kontinent vordrangen. Die Biber trugen damit höchst unfreiwillig zur Erschließung des nördlichen Nordamerikas bei. Aber auch in Nordasien wurde den Bibern ihres Fells wegen nachgestellt; so sehr, dass sie zu Beginn des 20. Jahrhunderts nahezu vollständig ausgerottet waren. Im westlichen, im europäischen Teil des eurasiatischen Bibervorkommens, kam ein weiterer Grund für die Dezimierung hinzu. Das Sekret seiner Analdrüse, Bibergeil genannt, galt als Potenzmittel. Offenbar hatten es zahlungskräftige (»potente«) Männer besonders nötig, denn mit zunehmender Seltenheit stieg der Wert des Bibergeils schier unfassbar an. Wer heute Chinesen und ihre Sucht nach Potenzmitteln, wie pulverisiertes Nashorn-Horn, Tigerpenisknochen und dergleichen, anprangert, sollte sich vor Augen halten, dass es in Europa vor gut einem Menschenalter nicht anders war und regional zum Teil noch ist, etwa wenn Stierhoden gegessen oder die Potenzwirkung von Spargel geschätzt werden. Im Alpenraum wird noch immer Murmeltierfett als Heilsalbe verkauft. Dergleichen gibt es mehr. Die Biber, die jahrhundertelang als päpstlich erlaubte Fastenspeise geschätzt worden waren, weil ihr Schwanz beschuppt ist und sie damit Fischen ähneln, gerieten nach der Säkularisation der Klöster und ihrer Güter wegen des Bibergeils in den Strudel der Vernichtung. Ende des 19. Jahrhunderts gab es nur noch drei kleine Restvorkommen in Europa, nämlich in einem abgelegenen Winkel Südnorwegens (»Skandinavischer Biber«), an der unteren Rhone nahe der Mündung, wo sie sich überwiegend bis ausschließlich von Ufergräsern und Wasserpflanzen ernährten und daher nicht auffielen (»Grasbiber«), und an der mittleren Elbe zwischen Dessau und Magdeburg (»Elbebiber«). Der Biber stand zum Beginn des 20. Jahrhunderts in Europa also kurz vor der vollständigen Ausrottung.

Die Skandinavier reagierten zuerst. Sie stellten den Biber unter Schutz und begannen mit der Wiedereinbürgerung in Schweden, wo es keine Biber mehr gab. Zwar dauerte es, weil nur wenige Biber aus Norwegen geholt werden konnten, aber der Erfolg stellte sich nach und nach ein. Um die Rhonebiber kümmerte man sich wenig, vielleicht weil sie bezüglich der

Jagd uninteressant waren und die Franzosen andere kulinarische Köstlichkeiten bevorzugten. Den Elbebibern wurde umfassender Schutz in der Zeit der DDR zuteil. Aber aufgrund der katastrophalen Verschmutzung der Elbe und ihres Zuflusses, der Mulde, nahm der Bestand der Elbebiber sehr langsam zu. Als ich diesen in den 1970er Jahren besuchte, weil vom Bund Naturschutz in Bayern die Wiedereinbürgerung mit Bibern aus Schweden begonnen worden war, konnte ich es kaum fassen, dass in der Elbaue Biber überlebten. Denn nach einem halben Tag Umherstreifen im Bibergebiet waren meine Gummistiefel so von Chemikalien zerfressen, dass sie entsorgt werden mussten. Kurz vor meinem Besuch hatte es ein leichtes Elbhochwasser gegeben, das den Chemikalienschlamm in die Aue schwemmte. Wenn die Biber damit zurechtkommen, so meine damalige Schlussfolgerung, können sie überall an westdeutschen Gewässern leben, vielleicht sogar besser. Der Verlauf der Wiedereinbürgerung der Biber in Westdeutschland und Österreich bestätigte diese Einschätzung. Nach gut zwanzig Jahren, gegen Ende des 20. Jahrhunderts, hatte Bayern einen großen, entlang der Flussläufe verbreiteten Biberbestand, der gegenwärtig an die 20 000 Tiere umfassen dürfte. So viele Biber hatte es seit Jahrhunderten nicht mehr gegeben. Vom Biber wieder besiedelt sind nun fast ganz Deutschland, Österreich, die Schweiz, Tschechien und Polen und andere mittelosteuropäische Staaten. Das Comeback der Biber in Europa ist eine der großen Erfolgsgeschichten des Artenschutzes – auch in Nordamerika.

Von dort stammen die umfangreichsten Untersuchungen zur Wirkung der Biber auf die Natur an Bächen und Flüssen. Es zeichnet sie ja nicht nur das hochwertige Fell aus, sondern vor allem ihre besondere Fähigkeit, den Lebensraum zu gestalten. Wo die Bäche und kleineren Flüsse zu wenig oder zu stark schwankend Wasser führen, bauen die Biber Dämme und stauen sich einen Bibersee an. Aus Astwerk und Schlamm errichtet, sind die Biberdämme stabil. In bewundernswerter Weise regulieren sie den Wasserabfluss. Durch die Dämme fließt nämlich nur so viel Wasser wie nötig ab. Sie halten genug zurück, dass der Stauspiegel ziemlich konstant und das Gewässer für die Biber zum Schwimmen und Tauchen tief genug bleibt. Viele kleine Dämme an einem Flusslauf schützen sehr wirkungsvoll vor Hochwasser. Wasserwirtschaftlich gesehen regulieren Biber den Wasserhaushalt, ohne durch ihre Staumaßnahmen die Wanderung von Fischen zu beeinträchtigen oder ganz zu unterbinden, wie dies bei rein technischen Bauwerken fast immer der Fall war. Seit Jahrzehnten ist jetzt die Wasserwirtschaft damit befasst, Rückbaumaßnahmen durchzuführen, wo dies noch möglich ist. Biberdämme und Biberseen bauen sich ganz von selbst im Lauf von Jahrzehnten zurück, je nachdem, wie viele Sedimente der Bach oder Fluss führt. Denn unweigerlich verlanden die Biberseen, bilden feuchte, allmählich trockener werdende Biberwiesen und schließlich wandern die Biber ab. Mit der Zeit rückt der Wald wieder an den Bach- oder Flusslauf vor. Auf die zunächst vom Überstau begünstigten Weichholzbaumarten, wie Pappeln und Weiden, folgen Harthölzer, bis nach weiteren Jahrzehnten oder Jahrhunderten Waldzustand und Fließgewässer wieder so weit sind, dass die Biber erneut anstauen. Nachhaltig leben die Biber nach gegenwärtig viel benutzter, aber nur höchst selten tatsächlich praktizierter Ausdrucksweise.

Dass diese Nachhaltigkeit funktioniert, hängt mit der Ernährung der Biber zusammen. Sie sind die am stärksten auf rein pflanzliche Nahrung spezialisierten Nagetiere. Im Sommerhalbjahr leben sie überwiegend von weichen Wasser- und Uferpflanzen, im Winterhalbjahr aber von Baumrinde. Gemeint ist damit nicht die bei manchen Baumarten sehr dick entwickelte Borke. Sie wäre unergiebig und für die Verdauung gänzlich ungeeignet. Was die Biber nutzen, ist die darunter befindliche lebende Rinde mit ihrem Gehalt an verwertbaren Speicherstoffen. Davon brauchen die Biber viel, allein schon weil sie so groß sind. Die inhaltlich beste Rinde befindet sich aber oben im Geäst, nicht unten am Stamm, wo die Borke in je nach Baumart dickerer oder dünnerer Schicht den Baum umgibt. Sind an den Ufern nicht genügend Jungtriebe vorhanden, deren Rinde kaum von Borke bedeckt ist, nagen die Biber Bäume ein Stück über dem Boden sanduhrförmig durch und bringen sie zu Fall. Möglichst so, dass sie zum Wasser hin fallen, weil sich die Biber dann gleich Aststück für Aststück abnagen und zu ihrem Bau oder zum als Wintervorrat angelegten Nahrungsfloß in der Nähe abtransportieren können. Fallen die Bäume zur Landseite hin, bleiben sie oft an anderen hängen oder Teile der Kronen ragen zu weit in die Höhe, dass sie die Biber nicht mehr erreichen. Klettern können sie nämlich nicht. Dazu sind sie zu massig und zu kompakt gebaut.

Um den täglichen Nahrungsbedarf zu decken, müssen die Biber viel Astwerk entrinden. Sie tun dies, indem sie das Aststück in Händen halten und mit den Zähnen des Unterkiefers nach oben gerichtet nagen. Geschälte Biberhölzer sehen sehr sauber aus. Meist leuchten sie weithin, wenn sie im Fluss treiben oder am Ufer liegen. Die Biber verwenden sie auch zum Bau ihrer Dämme und Burgen. Dabei bringen sie mit den Händen Schlamm vom Gewässergrund zum Abdichten nach oben. Zu Recht sind sie für ihre Baukunst berühmt. Ihre Burgen bauen sie entweder frei im Wasser als große, stumpf kegelförmige Asthaufen von zwei Metern Höhe oder mehr, wenn die Ufer flach auslaufen. Lieber graben sie ins Ufer, wenn es dafür steil genug ist. In hinreichend hohe, sandigfeste Ufer legen sie ihre Wohnkessel direkt an. Ob frei stehende Burg im Wasser oder Zweig-Ufer-Burg, stets liegen die Zugänge unter Wasser. Die Biber schwimmen ihre Wohnstätten tauchend an. Fällt der Wasserstand so stark, dass die Eingänge trocken fallen, verlassen sie ihren Bau oder versuchen, den Fluss so schnell wie möglich anzustauen. Eine alte Biberburg, die Jahrzehnte genutzt wird, ist so massig und fest, dass sie nicht nur vor der Winterkälte schützt, sondern auch kräftigen Feinden, wie den Bären, widersteht. An sich sind die Biber aber groß genug, um kaum Feinde fürchten zu müssen. Allenfalls der nordische Vielfraß *Gulo gulo* als die mit Abstand größte Marderart könnte kleineren Bibern gefährlich werden. Die oft vorgebrachte Meinung, die Biber müssten »reguliert« werden, weil sie bei uns keine natürlichen Feinde mehr hätten, entbehrt jeder Grundlage. Biber sind auch im Naturzustand ihrer Lebensräume nie von natürlichen Feinden reguliert worden. Das machen sie selbst mit ihrem Sozialverhalten und besser als jeder Feind, vor allem besser als die Menschen.

Biber leben nämlich in Großfamilien. Der Nachwuchs bleibt beim Elternpaar im Revier und meistens auch im Bau, bis die Mutter wieder trächtig geworden ist und Junge zur Welt bringt. Dann werden die Vorjahrsjungen abgedrängt. Sie müssen das Revier verlassen und nach einem eigenen suchen. Je dichter der Biberbestand, umso geringer sind ihre Chancen und umso stärker nimmt auch die Jungenzahl der alten Paare ab. Bei der Dauerhaftigkeit eines Biberreviers müssten zudem die Vorräte an Bäumen schwinden, deren Rinde zur Ernährung geeignet ist – möchte man meinen. Doch entgegen solchen Erwartungen findet die Abnahme nicht wirklich statt. Die Biber wählen so große Reviere, dass die Bestände an Weichhölzern nicht stärker genutzt werden, als über den jährlichen Zuwachs nachkommt. Das ist nachhaltige Forstwirtschaft auf Biberart. Die bevorzugten Baumarten bezüglich der Qualität der Rinde sind Pappeln und Weiden. Gesuchteste ist die Zitterpappel *Populus tremula* mit ihrem hohen Zuckergehalt in der Rinde. Zum Fällen von Zitterpappeln gehen die Biber schon mal zehn oder zwanzig Meter weit vom Wasser weg in den Auwald hinein. Der Menge nach die bedeutendsten Biberbäume sind meistens die Weiden, insbesondere die Silberweide *Salix alba*. Sie sind schnellwüchsige Baumarten, die sich rasch regenerieren, weil sie von Natur aus auf Hochwasser und ihre zerstörerische Wirkung eingestellt sind. Weiden treiben wieder, wenn sie von der Flut fortgerissen und irgendwo angeschwemmt werden. Sie treiben auch, wenn die Stämme von Bibern umgenagt wurden. Die Menge dieser Weichholzarten an den Gewässern bestimmt ihre Eignung als Biberrevier. Je nachdem, wie viele zu Bäumen herangewachsene Pappeln und Weiden vorhanden sind, dehnen die Biber ihre Reviere weiter aus oder halten sie kleiner. Bei günstigen Bestandsgrößen reicht ihnen ein halber Kilometer Uferlänge. Doch oft sind es mehr, in ungünstigen Fällen bis zu drei Kilometer. Über die Reviergröße wird der Bestand reguliert. So können sie ein Revier jahrzehntelang kontinuierlich nutzen.

Bären oder Menschen als Regulatoren brauchen die Biber nicht. Im Gegenteil. Wenn ihnen von den Menschen die gefällten Bäume vorzeitig weggenommen werden, weil diese »im Wege liegen«, zwingt man sie, weitere umzunagen. Viel besser wäre es, die Bäume den Bibern zu überlassen, bis sie die Rinde genutzt und die Äste, die sie weiterverwerten, abtransportiert haben. Bilden die Stämme ein Weghindernis am Ufer, könnte man sie zum Wasser hin umlegen und auf diese Weise andere Bäume davor schützen, auch angenagt zu werden. Viele Biberschäden, bloß behauptete oder tatsächlich nachweisbare, ließen sich durch einen vernünftigen Umgang mit ihrer Tätigkeit vermeiden. Bäume, die man aus guten Gründen erhalten will, schützt man durch Gitter. Dämme, die zu hoch stauen, können durch eingeschobene Rohre so reguliert werden, dass die Biber genügend Wasser haben, aber keine Straßen oder anderweitig wichtige Uferbereiche überschwemmt werden. Das Biber-Management ist in den meisten Ländern seit Jahren gut installiert. Die wenigen echten Problemfälle, etwa wenn sich die Biber an Kläranlagen ansiedeln, die natürlich nicht auslaufen oder durch Aufstau des Abflusses überschwemmt werden dürfen, lassen sich durchaus mit gezielten Einzelmaßnahmen bewältigen. Nach wie vor werden weit mehr Uferbäume durch angeblich notwendige Pflegemaßnahmen vernichtet als durch die Biber. Dass Biber sogar Großstädte, wie Berlin und München, dauerhaft besiedelt haben, drückt nicht nur ihren Erfolg aus, sondern auch die Tatsache, dass die Stadtbevölkerung im Allgemeinen weit toleranter ist als die Menschen auf dem Land. Wiederum trifft diese Feststellung genauso für die Eichhörnchen zu. Draußen im Forst gelten sie als Schädlinge. Wolfgang Schwenke (1981) schreibt zum Eichhörnchen im ›Leitfaden der Forstzoologie und des Forstschutzes gegen Tiere‹: »Hauptschaden: Spiraliges Ringeln von Bäumen.« Das ist nicht gerade viel als Anschuldigung. Aber das Nutzen-Schaden-Denken beherrscht Land- und Forstwirtschaft. Es sortiert wie selbstverständlich die Tiere und Pflanzen nach nützlich oder schädlich. Was nicht direkt nützlich ist, muss oft sogar automatisch schädlich sein. Was denn sonst? Die gleiche Grundhaltung trennt Tiere und Pflanzen in heimisch und fremd, ebenfalls wie es passt. Das amerikanische Hörnchen, das Grauhörnchen, liefert ein Musterbeispiel für diese Vorabverurteilung.

Das Grauhörnchen

Grauhörnchen *Sciurus carolinensis* wurden im späten 19. und frühen 20. Jahrhundert in England durch gezielte Aussetzungen Dutzender bis Hunderter Exemplare eingebürgert. Dieses Hörnchen stammt aus Nordamerika. Dort kommt es in einem sehr ausgedehnten Areal vor. Es erstreckt sich von den südöstlichen Regionen Kanadas südwärts bis Florida und Texas und von der Atlantik- und Karibikküste westwärts bis in die Nähe der Rocky Mountains. Im pazifischen Westen der USA fehlt es. Aber dort lebt Grauhörnchens Zwillingsart *Sciurus griseus*. Im allergrößten Teil des riesigen Verbreitungsgebiets kommt das Grauhörnchen zusammen mit dem Fuchshörnchen *Sciurus niger* vor. Dieses ähnelt unserem Eichhörnchen, ist aber beträchtlich größer. Im klimatisch milden südlicheren Teil seines Vorkommens bevorzugt das Fuchshörnchen lichte Kiefernwälder, während das Grauhörnchen mehr in Laubwäldern und Stadtparks lebt. Aus der europäischen Distanz betrachtet, überlappen sich die Vorkommen beider nordamerikanischer Hörnchen geografisch zwar weithin, aber beide Hörnchenarten bevorzugen unterschiedliche Waldtypen und vermindern damit die wechselseitige Konkurrenz. Seit der Wiederbewaldung vom östlichen Nordamerika nach Ende der letzten Eiszeit waren beide Hörnchen somit potenzielle Konkurrenten. Da sie der gleichen Gattung (*Sciurus*) angehören und nach typischer Hörnchenart leben,

Das Grauhörnchen (unten) hält sich mehr am Boden auf als das Eichhörnchen. Siebenschläfer (oben) zum Schlaf zusammengerollt in einem Nistkasten. Im Winterschlaf (Torpor) liegen die Siebenschläfer auch in dieser Stellung, aber mehr auf dem Rücken.

ist Konkurrenz zwischen ihnen zumindest anzunehmen. Wie diese zu beurteilen ist, darüber gibt das Verhältnis der Körpergrößen zueinander einen gewissen Aufschluss.

Das Grauhörnchen wird 340 bis 726 Gramm schwer, das Fuchshörnchen 544 bis 1362 Gramm. Diese Zahlen sind als »etwa«-Werte zu betrachten, weil die üblichen amerikanischen Pfundangaben von William H. Burt (1980) in das Kilogramm-System umgerechnet worden waren. Was Spannweiten der Gewichte bedeuten, ist dennoch klar: Fuchshörnchen werden etwa doppelt so schwer wie Grauhörnchen. Aus vielen vergleichend-ökologischen Untersuchungen weiß man, dass in der Konkurrenz zwischen verschiedenen Arten oft das Gewicht besonders zählt, denn es drückt Körperkraft aus. In aggressiven Auseinandersetzungen gewinnt fast immer der Stärkere und das ist meistens der Schwerere. Allerdings brauchen größere Tiere pro Tag oder übers Jahr entsprechend mehr Nahrung als ähnlich gebaute kleinere. Die Fuchshörnchen gewinnen ihre Hauptnahrung mit der Nutzung von Koniferensamen, die in den nördlichen Nadelwäldern Amerikas trotz jahrweise sehr unterschiedlichen Zapfenansatzes in ergiebigen Mengen kontinuierlicher gebildet werden als Eicheln und Nüsse in den südlicheren Laubwäldern. Im östlichen Nordamerika herrschen von Natur aus andere Verhältnisse als bei uns, weil es dort viel mehr Laubbaumarten gibt. Die amerikanischen Laubwälder sind weit ausgeprägter Mischwälder als die europäischen. Die Buche *Fagus sylvatica*, die wir präziser Rotbuche nennen sollten, gibt es in Nordamerika in einer zwar verwandten, aber ungleich weniger dominanten Art, nämlich der Amerikanischen Buche *Fagus grandifolia*. Nirgends war und ist sie dort auch nur annähernd so großflächig bestandsbildend wie die Rotbuche weithin in

Europa. Hier bei uns wäre der natürliche, vom Menschen unbeeinflusste Laubwald ein ziemlich einförmiger Buchenwald. Die europäische Rotbuche hat man in den USA eingebürgert und in städtischen Parkanlagen oder als ornamentale dunkelrotblättrige »Blutbuche« gepflanzt. Anders als bei uns verhält es sich in Nordamerika auch mit der Hasel. Die Amerikanische Haselnuss *Corylus americana* und die Schnabelhasel *Corylus cornuta* kommen zwar im Verbreitungsgebiet der Grauhörnchen vor, aber nicht annähernd in der Häufigkeit wie unsere Haselnusssträucher in Mittel- und Nordwesteuropa. Zudem stecken ihre Nüsse in längeren, bei der Schnabelhasel weit nach vorn ausgezogenen Schutzhüllen, die es erschweren zu erkennen, ob überhaupt Nüsse enthalten sind. Wahrscheinlich ist dies eine Gegenanpassung der Haselsträucher, denn das Spektrum der Nutzer ihrer Nüsse ist in Nordamerika beträchtlich größer als in Europa. Im Vergleich zu unserem Eichhörnchen ist die Nahrung, die das Grauhörnchen nutzt, also deutlich verschieden und verschoben hin zu Eicheln und den Samen der Hartholz-Nussbäume, wie der Hickory-Nuss. Zudem gibt es im nördlichen Teil des Verbreitungsgebietes der Grauhörnchen das kleine Rothörnchen (Red Squirrel *Tamiasciurus hudsonicus*), das 200 bis 250 Gramm schwer wird und sich ganz ähnlich wie das Fuchshörnchen von Koniferensamen und Nüssen ernährt. Nächtliche Konkurrenten in Form der recht häufigen amerikanischen Flughörnchen *Glaucomys volans* und *Glaucomys sabrinus* kommen dazu. Somit lebt das Grauhörnchen in seiner nordamerikanischen Heimat zwischen kleinen, agilen Konkurrenten einerseits und einem erheblich größeren und stärkeren Hörnchen andererseits. Der Konkurrenzdruck, gegen den sich die Grauhörnchen behaupten müssen, wirkt von beiden Seiten. Die Vogelwelt können wir außer Acht lassen, weil Häher und Kreuzschnäbel in Nordamerika durchaus ähnlich wie ihre Verwandten in Europa die Nüsse und die Zapfensamen nutzen.

Diese Ausgangslage ist zu berücksichtigen, wenn wir verstehen wollen, warum die Einführung des Grauhörnchens nach England so erfolgreich verlief. Auch zur Beurteilung der Folgen ist es wichtig, die frühere Konkurrenz in Amerika zu bedenken und nicht allein die gegenwärtig in Europa vorhandene zu betrachten. Hier trafen die Grauhörnchen nur auf Eichhörnchen. Ihr Körpergewicht reicht von 200 bis über 400 Gramm. Geografische Größentrends sind bei ihnen nicht sehr ausgeprägt. Südliche Formen der Eichhörnchen können sogar schwerer werden als nördliche. Aber die in klimatisch kontinentalen Gebieten und im Gebirge vorkommenden Eichhörnchen gehören dennoch zu den schwereren Formen, die in mildem atlantischen Winterklima und in Städten lebenden zu den leichteren. England ist wintermild, sodass die dortigen Eichhörnchen durchschnittlich nur 285 Gramm schwer werden, die Grauhörnchen aber um die 450 Gramm (Boyle 1981). Dieser Größenvorteil von circa 60 Prozent im Gewicht legt allein schon die Annahme nahe, dass das Grauhörnchen konkurrenzstärker als das Eichhörnchen sein sollte. Doch obwohl die ersten Grauhörnchen bereits 1876 nach England gebracht worden waren, dauerte es über dreißig Jahre, bis sie sich fest etablierten, und noch länger, bis sie sich nach und nach ausbreiteten. Wiederholt wurde die Einbürgerung mit Nachschub aus Amerika unterstützt. Beispielsweise im Jahr 1889 mit 350 Exemplaren, die in der Grafschaft Bedfordshire freigesetzt wurden (Boyle 1981). Ganz so einfach, wie dem Größenverhältnis zufolge zu schließen, war es für das Grauhörnchen also doch nicht, in der neuen Heimat in Europa Fuß zu fassen. In Oberitalien, wo Grauhörnchen im 20. Jahrhundert an mehreren Stellen ausgesetzt wurden, sind allen Befürchtungen zum Trotz die Bestände bisher nicht sonderlich auffällig geworden. Das kann daran liegen, dass dort die Grauhörnchen den Nachstellungen des Baummarders ausgesetzt sind. Dieser Marder, der als bedeutender Feind der Eichhörnchen gilt, war in England fast völlig ausgerottet, als die Ausbreitung der neuen Hörnchen aus Amerika begann. Feinddruck ist kein bedeutungsschwacher Nebeneffekt – im Gegenteil. Gerade weil in Europa der natürliche Feinddruck auf viele Säugetierarten durch Bejagung und Fallenfang ganz drastisch vermindert worden war, herrschen hier höchst unnatürliche Verhältnisse. Ein paar allgemeine Anmerkungen dazu sollen daher eingeschoben werden, bevor der spezielle Fall der Marder und der Hörnchen weiter behandelt wird.

Es geht in der Konkurrenz zwischen Arten nicht nur um lebensnotwendige Ressourcen, wie Nahrung und Lebensraum, sondern auch darum, wie unterschiedlich und wie stark der Feinddruck wirkt. Die großen Biber waren und sind keinem solchen Feinddruck ausgesetzt, weder in Schweden, von wo in den 1970er Jahren etwa 50 Tiere zur Wiedereinbürgerung nach Bayern gebracht worden waren, noch hier oder andernorts in Europa oder auch in Nordamerika, wo der Kanadabiber *Castor canadensis* lebt. Biber sind zu groß und mit ihrem Gebiss, das Eichen durchnagen kann, zu wehrhaft. Sogenannte natürliche Feinde bewirken bei den Bibern weder in ihrem ursprünglichen noch im durch Wiedereinbürgerung wiederhergestellten Verbreitungsgebiet eine Bestandsregulierung. In der Kulturlandschaft, in der sie bei uns leben, grei-

Das Grauhörnchen (Mitte) befindet sich in seiner nordamerikanischen Heimat der Größe nach etwa in der Mitte zwischen den kleinen Rothörnchen (oben) und dem großen Fuchshörnchen (unten). In Europa gibt es keine derartigen Konkurrenten. Das schafft ihm Vorteile dem Eichhörnchen gegenüber.

Das europäische Eichhörnchen (oben) bleibt durchschnittlich etwas kleiner und leichter als das aus Nordamerika stammende Grauhörnchen (unten). Größeres Körpergewicht bedeutet meistens Überlegenheit in der zwischenartlichen Konkurrenz.

fen Verluste durch den Straßenverkehr weit stärker in die Bestandsentwicklung ein. Ganz anders sieht es bei kleinen, von vielen Feinden gejagten Nagetierarten aus. Wenn ein Marder im Geäst der Bäume hinter Hörnchen her ist, sind die kleineren und leichteren Eichhörnchen flinker als die größeren und schwereren Grauhörnchen. Hundert Gramm mehr Körpergewicht macht viel aus, wenn es um Leben und Tod geht. Interessanterweise kommen im ursprünglichen Areal der Grauhörnchen Marderarten, die unseren europäischen Arten ähnlich wären, nicht vor oder lediglich am nördlichen Rand, wo auch die bedeutend größeren und schwereren Fuchshörnchen leben. Grauhörnchen waren daher, zumal die Angehörigen der US-amerikanischen Population aus dem Laubwaldbereich, von denen die in England und Italien eingeführten Tiere stammen, in ihrer Heimat kaum mit einem Feind vertraut, der ihnen auf den Bäumen nachstellte. Grauhörnchen klettern nicht so schnell und so geschickt wie die Eichhörnchen. Sie können auch nicht so flott von Baum zu Baum springen. Bei der Suche nach Nahrung verbringen sie viel Zeit am Boden, wo sie schneller als Eichhörnchen zum nächsten Baumstamm sprinten.

Die in Wikipedia getroffene Einschätzung *»Syntop können die beiden ökologisch sehr ähnlichen Arten* ›Eichhörnchen und Grauhörnchen‹ *auf Dauer nicht nebeneinander existieren. Dies ist wahrscheinlich schon wegen des beständigen Kampfes um Nahrung und Nistplätze nicht möglich. Ein Habitat kann nur von einer der Arten besiedelt werden.«* (Grauhörnchen-Artikel, abgerufen am 3. März 2019) ist kritisch zu sehen. Die darin enthaltenen Behauptungen verengen die Betrachtung viel zu sehr auf die Nahrung. Ignoriert wird, dass sich die Eichhörnchen selbst Nester bauen, und mit der Feststellung zum »Habitat« wird ein logischer Zirkelschluss vollzogen. Denn es macht den ökologischen Begriff Habitat zu einer Feststellung, die nichts erklärt und lediglich besagt, dass das Eichhörnchen nur wie ein Eichhörnchen leben kann. Und das Grauhörnchen wie ein Grauhörnchen. Dass Letzteres sehr wohl mit zwei anderen Hörnchenarten zurechtkommt, bleibt im Wikipedia-Artikel ebenso unberücksichtigt wie darin die Rolle von Feinden ausgeblendet wird. Zudem fehlt der Einfluss von Krankheiten vollständig. Die Tatsache, dass im 20. Jahrhundert das Areal des Eichhörnchens in England schrumpfte und dieses dann weitgehend vom neu gekommenen Grauhörnchen eingenommen worden ist, bedeutet keineswegs automatisch, dass eine Verdrängung durch Konkurrenz stattgefunden hat. Selbst wenn dem regional wirklich so gewesen sein sollte, haben die Briten nun zwei Hörnchenarten, weil sich die Eichhörnchen in den nördlichen Nadelwaldregionen behaupten. Wären unsere dunkelbraunen bis schwarzen Eichhörnchen und die hellen roten zwei verschiedene Arten, sähe das Ergebnis von Konkurrenz und Koexistenz recht ähnlich aus, weil auch sie in ihrer Verbreitung eine weitgehende Sonderung nach Waldtypen und Klima zeigen. Das gewichtigste Argument betrifft aber den Baummarder. Hätten die Briten ihn nicht bis auf wenige kleine Restvorkommen ausgerottet, käme das Grauhörnchen vielleicht nur in einigen großen Stadtparks vor oder die Einbürgerung wäre gar nicht geglückt. Schwerer getan hätten sie sich auf jeden Fall mit ihrer Ausbreitung, viel schwerer. Der Schutz des Nutzwildes ist das Hauptargument, mit dem die Jäger ihre fortwährend intensive Bekämpfung von Mardern, Iltis, Hermelin, Fuchs und anderen Beutegreifern rechtfertigen. Weil Marder, Fuchs & Co. dem Niederwild abträglich seien, müssen sie nach Ansicht der Jäger »kurz gehalten werden«. Marder kommen daher landauf, landab in weit geringerer Häufigkeit vor, als es der Verfügbarkeit von Mäusen, ihrer Hauptnahrung, und anderen Kleinsäugern entspräche. Draußen in der freien Natur haben wir seit Langem solcherart verschobene Verhältnisse, weil die Jäger von ihrer Raubwild- und Raubzeugbekämpfung nicht ablassen wollen. Dabei ist längst bekannt, dass die größere Häufigkeit von Füchsen und Steinmardern *Martes foina* in den Großstädten keinerlei ökologische Katastrophen ausgelöst hat. Eher sieht es danach aus, dass diese Beutegreifer zusammen mit frei laufenden Hauskatzen die Mäuse und Ratten in Schach halten.

Für die Hörnchen hat die Dezimierung der Marder Folgen. Sind ihre örtlichen Bestände niedrig, würden schon geringe Verluste, die von Mardern verursacht werden, weit stärker bremsend oder unterdrückend auf die Bestandsentwicklung wirken als in produktiven, gut etablierten Beständen. Diese Feststellung gilt ganz unabhängig davon, ob man der Sichtweise und Zielsetzung der Jäger zuneigt oder diese ablehnt, weil die Dezimierung nicht begründet ist. Seltenheit ist stets mit dem Risiko verbunden auszusterben. Spontane Ansiedlungen entlaufener Tiere gelingen bei einigermaßen naturgemäßer Häufigkeit der Beutegreifer nur höchst selten einmal. Wie schwierig es ist, mit Aussetzungen einen neuen, produktiven Bestand zu begründen oder einen schwächelnden aufzufrischen, wissen die Jäger selbst am besten. Seit Jahrhunderten lassen sie Tausende in Fasanerien großgezogene Fasane frei, um sie danach zum puren Jagdvergnügen abzuschießen. Trotzdem halten sich die angesiedelten, aus Asien stammenden Fasane in vielen Regionen Mitteleuropas schwer oder gar nicht dauerhaft. Um ihr Überleben dennoch immer wieder zustande zu bringen, mussten Millionen Greifvögel, Füchse, Marder und andere Raubtiere ihr Leben lassen, nur weil die Jäger Fasane schießen wollen. Als die industrielle Landwirtschaft die Lebensbedingungen für die Fasane und noch gravierender für die Rebhühner verschlechterte, ließen sich die Fasanenbestände trotz Massenaussetzung Nachgezüchteter und anhaltender Bekämpfung der Raubtiere weithin nicht mehr halten. Die aus Asien stammende Türkentaube *Streptopelia decaocto*, die im 20. Jahrhundert Europa eroberte, brauchte hingegen keine Hilfe, schon gar nicht in Form der Vernichtung von Greifvögeln. Sie etablierte sich von selbst erfolgreich im jagdlich befriedeten Bereich der Städte und Dörfer, in denen auch Marder und Greifvögel als natürliche Feinde in weit größerer Häufigkeit als in den Wäldern und auf den Fluren leben. Die britische Grauhörnchengeschichte ist also keineswegs so klar, wie sie vielfach dargestellt wird. Sie wird noch diffiziler, wenn wir die Krankheiten in die Betrachtung mit einbeziehen.

Im selben Wikipedia-Artikel, der oben zitiert wurde, ist nämlich auch zu lesen:

»Der rasche Rückgang der Europäischen Eichhörnchen und die gleichzeitige Expansion der Grauhörnchen in gemeinsamen Vorkommensgebieten – insbesondere in Großbritannien – soll auch auf einen Parapoxvirus (Parapox der Hörnchen) zurückzuführen sein. Die sogenannten »Eichhörnchen-Pocken« lösen eine hohe Sterblichkeit unter den roten Eichhörnchen aus, während die Grauhörnchen gegen den von ihnen eingeschleppten Erreger immun sind. Die Übertragung der Viren geschieht vermutlich vor allem durch die nacheinander erfolgende Nutzung desselben Nestes. Da es weder Impf- noch Heilmittel gegen die Krankheit gibt, unterstützen diese Erkenntnisse die Forderung nach speziel-

len ›Eichhörnchen-Reservaten‹, die von Grauhörnchen frei gehalten werden.« Die Angaben stammen von einem Bericht im *Spiegel* Nr. 35, 2006.

Nun ist aber die Resistenz gegen Viren bei den Grauhörnchen nicht einfach von Natur aus vorhanden, sondern zweifellos das Ergebnis früherer Infektionen in der nordamerikanischen Heimat, die im Lauf der Zeit zur Immunität geführt hatten. Äußerst selten, wenn überhaupt jemals, vernichten Viren eine von ihnen befallene Art vollständig. Die weitere Annahme, dass sich die Eichhörnchen infizieren, weil sie ein Grauhörnchennest beziehen, kehrt die Verhältnisse und die vorherigen Argumente zur Verdrängung durch die größere und stärkere Art geradezu um. Denn dabei müsste das Eichhörnchen das dominante Grauhörnchen aus dem Nest vertreiben, was klar der Überlegenheit der Grauhörnchen widerspricht. Es berücksichtigt zudem nicht, wie lange die Viren infektionsfähig sind, wenn das Nest verlassen worden ist. Erneut bleibt in diesem Zusammenhang unbeachtet, wie sich in England das Fehlen des Baummarders und auch des Habichts *Accipiter gentilis*, eines weiteren, sehr bedeutenden Eichhörnchenfeindes, auf den Erfolg des Grauhörnchens ausgewirkt hat. Denn der Habicht war zur Zeit ihrer Einbürgerung und Ausbreitung ebenfalls nahezu ausgerottet worden, weil er als Feind der Moorhühner und der Fasane gilt. Zugunsten der in Fasanerien massenhaft gezüchteten Fasane wurden in England bis in die Mitte des 20. Jahrhunderts fast alle Arten der Greifvögel drastisch dezimiert. Sie überlebten lediglich in Splitterpopulationen in völlig unnatürlich niedriger Häufigkeit und fehlen regional bis landesweit nach wie vor. Umweltgifte beeinträchtigen die geschützten Arten zusätzlich. Die Bestände erholen sich nur sehr langsam. Noch immer liegt die Häufigkeit des Habichts, der den Jägern besonders verhasst ist, weit unter dem natürlichen Niveau. Zur allmählichen Wiedererholung kam es in den Großstädten, weil in diesen nicht gejagt wird. Aber Habichte tun sich als eher bodennah jagende Greifvögel in den Städten schwerer als die Wanderfalken *Falco peregrinus*, deren Comeback auf den Schutz der Stadt ganz wesentlich zurückzuführen ist. Eichhörnchen jagen diese Großfalken jedoch so gut wie nie.

Die immensen Einwirkungen der Jagd auf die Häufigkeit von frei lebenden Tieren können und dürfen in der Beurteilung einer Art, wie dem Grauhörnchen, nicht einfach ausgeklammert werden, nur damit der einfache, dem Zeitgeist und der Einstellung vieler Naturschützer entsprechende Schluss zustande kommt: Der böse Fremdling, das amerikanische Grauhörnchen, hat das gute, weil heimische Eichhörnchen verdrängt. Die Konkurrenz, so es überhaupt eine solche in bedeutendem Umfang gegeben hat, wurde auch in England ganz entscheidend von den Rahmenbedingungen gestaltet, die die Menschen setzten. Das Grauhörnchen ist kein Musterbeispiel für eine fremde Art, die eine heimische gefährdet und verdrängt. Vielmehr gibt es ein Lehrstück ab zu den Voreingenommenheiten, mit denen im Artenschutz vielfach geurteilt wird. Verbunden ist leider damit auch eine große Niederlage für den Tierschutz und für all die Tierfreunde, die gern so ein Hörnchen halten (würden). Denn seit 2016/18 steht das Grauhörnchen zusammen mit 48 weiteren Tier- und Pflanzenarten auf der »Schwarzen Liste« invasiver Arten der EU, die mit allen Mitteln und praktisch ohne Einschränkungen bekämpft werden dürfen. Sie sollen möglichst wieder ausgerottet werden. Haltung und Zucht von Grauhörnchen sind nun EU-weit verboten. Der »gefühlte Schaden«,

den das aus Amerika stammende Hörnchen anrichtet, reichte für diese Einstufung aus. Objektive Überprüfungen und unvoreingenommene Bewertungen der Fakten unterblieben. Wie auch bei den anderen Arten von Säugetieren und Vögeln dieser »Schwarzen Liste«, unter ihnen der Waschbär *Procyon lotor.* Dieser ist ohne Zweifel eine intelligente, leidensfähige Säugetierart und kein Untier, das mit seiner Ausbreitung, die schwerpunktmäßig in Deutschland stattfindet, die hiesige Natur vernichtet. Dass ihn die Jäger nicht mögen, ist kein sachliches Kriterium.

Dem Eichhörnchen wird es wenig nützen, dass das Grauhörnchen in die »Schwarze Liste« der EU aufgenommen wurde, und dem Baummarder wird dies keinen Schutz vor der anhaltenden Bejagung und dem einer anständigen Jagdethik unwürdigen Fallenfang bringen. Seine Chance besteht darin, sich ähnlich wie sein naher Verwandter, der Steinmarder *Martes foina*, an das Leben in der Stadt zu gewöhnen. Dort wird es ihm besser gehen als in den Wäldern draußen. Und er wird in der Stadt das eine oder das andere kranke Eichhörnchen erbeuten. Was in Großbritannien ganz gut wäre, denn dort tragen manche Eichhörnchen Gefährlicheres in sich als die für Menschen völlig harmlosen Pockenviren der Grauhörnchen. Britische Eichhörnchen sind nämlich mit Erregern von Lepra infiziert. Nachdem äußere Anzeichen einer seltsamen Erkrankung festgestellt worden waren, ergab die genaue Untersuchung von 110 britischen Eichhörnchen, dass sie tatsächlich *Mycobacterium leprae* in sich trugen. Diese Bakterien ähnelten sogar sehr stark dem Lepra-Stamm, der in den Resten eines vor 730 Jahren in der Stadt Winchester gestorbenen Menschen gefunden worden war. Also überdauerten möglicherweise diese speziellen Lepra-Erreger im britischen Eichhörnchenbestand so lange Zeit. Das mag unglaublich anmuten, ist es aber nicht. Denn von einem anderen, für Menschen höchst gefährlichen Bakterium, dem Erreger der Pest, ist bekannt, dass dessen natürliches Reservoir in Nagetieren unterschiedlichster Arten weiterhin steckt.

Das amerikanische Grauhörnchen hätte also in geradezu ironischer Verdrehung der Geschichte mit dem Verdrängen der britischen Eichhörnchen den in diesen fortlebenden Lepra-Erreger vernichtet. Nun soll es aber zugunsten der Eichhörnchen wieder ausgerottet werden. Die Ersteller der »Schwarzen Liste« der EU bringt so eine Wendung im »Fall Grauhörnchen« in eine gewisse Rechtfertigungsnot. Ist das Grauhörnchen wirklich so »böse«, dass es kompromisslos bekämpft werden muss? Das darf stark bezweifelt werden. Hauptgrund für die Aufnahme in die »Schwarze Liste« war die von sachlich-wissenschaftlicher Beurteilung weit entfernte Xenophobie. Es ist absurd, dass EU-weit Privatpersonen oder Zoologische Gärten fortan keine solchen Tiere wie das Grauhörnchen mehr halten dürfen. Und das, obwohl Großbritannien dabei ist, die EU zu verlassen. Das dortige Grauhörnchen-Problem ist danach kein EU-europäisches mehr. Gegenwärtig wird niemand Hunderte Grauhörnchen aus Nordamerika importieren, um sie irgendwo in Europa freizusetzen. Die private Haltung, die so wichtig ist für das Mensch-Tier-Verhältnis und insbesondere auch für die Forschung, wird mit so einer EU-Maßnahme ohne triftigen Grund weitestgehend unmöglich gemacht. Mit Artenschutz hat das nichts zu tun. Maßnahmen dieser Art bewirken das Gegenteil. Immer mehr Menschen wenden sich ab von der Natur, weil ihnen die Zugänge verbaut oder unmöglich gemacht werden. Was uns mit solchen, angeblich gut gemeinten Artenschutzmaßnahmen an Erlebnissen mit Tieren verloren geht, wird der Ausblick auf den Siebenschläfer zeigen.

Die Grauhörnchen konkurrierten jedoch in einer anderen Hinsicht mit den Eichhörnchen, und zwar um die Gunst der Menschen. Welches Hörnchen ist das nettere? Sollte nur eines, das heimische, oder sollten doch beide Arten in der so stark veränderten, naturfernen Welt der Menschen, in den Städten, leben dürfen? Da sich Grauhörnchen mehr auf dem Boden aufhalten, nähern sie sich in den Städten bereitwilliger als die Eichhörnchen den Menschen. Dabei verhalten sie sich nicht zögerlich und hastig. In den USA kann man dies fast überall in den Stadtparks erleben. An manchen Universitäten machten sich Studenten einen Spaß daraus, Grauhörnchen zu »angeln«. Sie banden eine große Erdnuss an eine Schnur und zogen das Hörnchen, das den Leckerbissen packte, vorsichtig näher und in die Höhe, bis diesem die Schwebe zu riskant wurde. Es ließ die Erdnuss los und sprang zu Boden, wo es danach doch meist mit der Nuss belohnt wurde. Ob so ein »Spiel« den Grauhörnchen zusagte, lässt sich nicht so einfach beurteilen. Wohl alle Hörnchen und ihre Verwandten spielen gern. Spiel und Qual gehen aber bekanntlich ohne klare Grenze ineinander über.

Den Eichhörnchen geht es gegenwärtig in den Städten weit besser als draußen in den Wäldern. In den Gärten und Parks wachsen Bäume und Sträucher, die es nicht gäbe, wären sie nicht angepflanzt worden. Müssten wir nicht jede Tier- und Pflanzenart geradezu willkommen heißen, die es schafft, in der neuen Menschenwelt mit uns gut zu leben? Ein Großteil der Fichten, die unsere Wälder bilden, steht am falschen, weil nicht naturgemäßen Platz. Ganz folgerichtig fügen ihnen zu trockene Sommer und die Borkenkäfer große

Schäden zu. Der Anbau von amerikanischem Mais, die nach Ausbreitungsgeschwindigkeit und Flächeninanspruchnahme invasivste aller Pflanzenarten, wird mit Milliarden Euros subventioniert. Heimisch sind in Europa weder die Kartoffeln (= Amerikaner) noch Weizen, Gerste und Roggen als Getreide (= Vorderasiaten). Mit der Ausbreitung des Getreideanbaus aus dem Südosten, von Anatolien her, wanderten im Verlauf von Jahrhunderten Tausende Pflanzen- und Tierarten nach Mittel- und Westeuropa ein. Arten, die wir sehr schätzen, gehören zu diesen einstigen Fremden, wie die so herrlich singende Feldlerche *Alauda arvensis*, die in unvergleichlichem Blau erstrahlende Kornblume *Centaurea cyanus*, der rote Mohn *Papaver rhoeas*, der Feldhase *Lepus europaeus*, viele Orchideen und so fort. Unsere Natur hätte nicht einmal einen halb so großen Artenreichtum, wären all diese Arten nicht im Lauf der Zeit zu uns gekommen. Von alldem, was gepflanzt in den Gärten grünt und blüht, ganz zu schweigen. Soll das alles wieder ausgerottet werden, weil es »nicht heimisch« ist? Da müsste auch die Hauskatze verschwinden, weil sie nicht von der europäischen Wildkatze abstammt. Und auch die Einkreuzungen von »fremdem Blut« in die Pferderassen. Wer nur ein wenig nachdenkt, wie die Welt zustande gekommen ist, in der wir leben, wird den Kreuzzug gegen die fremden Arten nicht verstehen, geschweige denn gutheißen können.

Echte, nicht bloß eingebildete Schäden können die unterschiedlichsten Arten verursachen. Dass dagegen in angemessener Weise vorgegangen wird, sollte selbstverständlich sein. Das gilt auch für den Umgang mit frei lebenden Tieren in den Städten. Wird dort das Füttern von Eichhörnchen oder von Enten im Stadtpark grundsätzlich verboten, missachtet dies legitime Interessen vieler Menschen. Wer aber das Füttern übertreibt, verhält sich auch nicht angemessen, weder im Hinblick auf andere Menschen noch zu den Tieren selbst und bezogen auf ihr Wohlergehen. Vernünftig ist keines dieser Extreme. Auch nicht die in vielerlei Hinsicht weit überzogenen Artenschutzbestimmungen. Die meisten Beschränkungen und Verbote sind als Schutzmaßnahme wirkungslos. Sie treffen nur die Naturfreunde, nicht die Verursacher von Gefährdung und Seltenheit, und behindern massiv die biologische Forschung. Den geschützten Arten helfen sie nicht, außer es gelingt, die Verfolgung durch die Jagd einzudämmen und die Anwendung von Fallen und Gift zu unterbinden.

Eichhörnchen sind reizvolle Tierchen. Ihnen zuzuschauen, macht große Freude. Können wir uns Zeit zum Beobachten nehmen, werden wir immer wieder Überraschungen erleben. Das hier Zusammengestellte ist längst noch keine umfassende Schilderung ihres Lebens. Auch die Zusammenfassung aller Bücher und Artikel über Eichhörnchen bliebe lückenhaft. Denn je tiefer wir an irgendeiner Stelle in ihr Leben hineinblicken, desto mehr Fragen tun sich auf. Schnell wird deutlich, dass bloßes Beobachten nicht ausreicht. Über den Energiehaushalt oder die Verwertung der Nahrung erfahren wir mit noch so intensivem Schauen zu wenig. Doch in eine vertiefte Art der biologischen Forschung wollen wir hier gar nicht einsteigen. Diese Domäne gehört der Laborforschung. Dazwischen gibt es aber einen ganz außerordentlich wichtigen, sehr aufschlussreichen Bereich. Es ist dies das Beobachten des Verhaltens zahmer Tiere. Richtig zahmer, mit den Menschen voll vertrauter Tiere, und nicht bloß futterzahmer Individuen, die es sich angewöhnt haben, sich von uns füttern zu lassen. Zwischen einem Eichhörnchen, das mit uns lebt, das an uns herumklettert, uns auf die Hand springt, sich auf die Schulter setzt und mit dem Schwanz unsere Wange oder gar die Nase kitzelt, und einem, das es wagt, eine Nuss von der Hand zu nehmen, ist ein Riesenunterschied. Bei einem zahmen Hörnchen, wie beim eingangs kurz geschilderten Maxi, sehen wir, wie das Leben abläuft. Wer dies erlebt, weiß, dass es unmöglich ist, zu entscheiden, ob das Tierchen uns als rein äußerlich bloß arg missratenen Artgenossen betrachtet oder sich selbst für einen Menschen hält. Vielleicht sollten wir so eine Trennung auch gar nicht versuchen, weil die Hörnchensicht zwangsläufig anders ausfällt als die Menschensicht. Wichtig ist, dass sich beide so weit überdecken, dass ein bezauberndes Zusammensein zustande kommt.

Zum Eichhörnchen kann ich kein solches Zusammenleben aus eigener Erfahrung schildern. Aber zahlreiche Menschen haben die faszinierende Erfahrung gemacht, wie es ist, wenn ein Eichhörnchen im Haus lebt. Unter dem Eindruck größter Begeisterung schilderten manche ihre Erlebnisse in Büchern oder hielten Szenen aus dem Eichhörnchenleben in Videosequenzen fest. Eine ganze Menge davon gibt es im Internet zu sehen. Ich hatte kein Eichhörnchen, sondern einen Siebenschläfer namens Schmurksi. Knapp ein Jahrzehnt lang beglückte er uns vom frühen Abend bis weit in die Nacht hinein und anfangs auch am Tage mit seinem munteren Wesen. Das liegt nun fast ein halbes Jahrhundert zurück. Es gehört zum unvergänglichen Schatz von Erinnerungen. Davon möchte ich im dritten Teil dieses Buches erzählen.

TEIL III

Siebenschläfer – die »Nachtausgabe« des Eichhörnchens

Kurzer Blick auf Herkunft und Lebensweise der Säugetiere

Die Schlafmäuse oder Bilche, Familie Gliridae, könnte man als die Nachtversionen der Hörnchen charakterisieren. Sie werden munter, wenn die Eichhörnchen schlafen gehen. Geisterhaft huschen sie in der späten Dämmerung an den Bäumen umher oder rumoren auf Dachböden so sehr, als würden sie mit Nüssen Fußball spielen. Anders als Mäuse und Ratten, die Lärm vermeiden, macht es den Siebenschläfern offenbar nichts aus, dass sie sich hörbar machen. Fühlen sie sich so sicher im Schutz der Dunkelheit? Was trieb ihre fernen Vorfahren dazu, in die Nacht auszuweichen? Die naheliegende, häufig gebotene Erklärung, weil sie da weniger den Nachstellungen von Feinden ausgesetzt sind, überzeugt nicht wirklich, wenn wir die Umstände genauer betrachten. Zunächst ist festzuhalten, dass die am Tag aktiven Eichhörnchen und ihre Verwandten ein erfolgreiches Leben führen. Warum sollten die Siebenschläfer dies nicht auch können? Vielleicht deshalb, so eine mögliche Antwort, weil die Eichhörnchen bereits einen Großteil der ökologischen Nische besetzt halten, die für die kleineren Schläfer infrage käme? Siebenschläfer werden nur gut halb so groß beziehungsweise schwer wie Eichhörnchen. Diese Vermutung lässt sich mit den Verhältnissen in Nordamerika zurückweisen. Dort entspricht das kleine Rothörnchen in der Größe ziemlich gut unserem Siebenschläfer. Aber es ist als echtes Hörnchen tagaktiv. Zudem gibt es zwei den nachts aktiven Schlafmäusen noch besser entsprechende Nagetiere in den nordamerikanischen Wäldern, nämlich die beiden Flughörnchenarten *Glaucomys volans* und *Glaucomys sabrinus*. Sie passen größenmäßig ganz gut zu den in Europa vorkommenden, nahen Verwandten des Siebenschläfers, zum Gartenschläfer *Eliomys quercinus* mit 50 bis 180 Gramm Körpergewicht und dem kleineren Baumschläfer *Dryomys nitedula*, der 17 bis 30 Gramm schwer wird. Außerdem gibt es noch den Winzling unter den Bilchen, die Haselmaus *Muscardinus avellanarius*. Sie ist kaum größer als eine Zwergmaus *Micromys minutus*. Den amerikanischen Flughörnchenarten entspricht »unser« nordosteuropäisch-sibirisches Gleithörnchen *Pteromys volans*. Es wird mit 90 bis 170 oder 180 Gramm etwa so schwer wie ein Siebenschläfer, dem es auch in der silbergrauen Fellfärbung ähnelt.

Die Verhältnisse sind also weit komplizierter als es aussieht, wenn »der Siebenschläfer« einfach als »Nachtausgabe des Eichhörnchens« bezeichnet wird. Sicher spielt der Einfluss von natürlichen Feinden eine Rolle. Aber »den Feind« gibt es nicht. Vielmehr handelt es sich stets um mehrere recht unterschiedliche Tierarten, die Beute von Maus- bis Eichhörnchengröße zu machen trachten. Beim europäischen Flug- beziehungsweise Gleithörnchen (siehe Seite 124) ist das bereits ganz pauschal angesprochen worden. Marder und Zobel, auch Hermeline stellen solchen Kletterern nach. Weitere wesentliche Feinde sind Greifvögel und Eulen. Letztere jagen überwiegend nachts, doch auch am Tag, und zwar zwangsläufig, weil in den nordischen Wäldern im Frühsommer, zur Zeit ihrer eigenen Fortpflanzung, die Tage sehr lang und die Nächte kurz sind. Für die Aktivität der Gleithörnchen kommt aus diesen Gründen eine sich bis zur Sommersonnenwende zunehmend ausdehnende Dämmerung zustande, die in den folgenden Monaten zwar wieder an Dauer abnimmt, aber auch im Herbst deutlich länger anhält als in südlicheren Regionen. Wir dürfen daher Tag und Nacht nicht so schwarz-weiß betrachten, wie wir das zu tun pflegen. Nur in den inneren Tropen wäre das gerechtfertigt. In Äquatornähe sind Tag und Nacht mit jeweils zwölf Stunden gleich lang. Wichtiger im Zusammenhang mit der Aktivität von Hörnchen, Schläfern und anderen Nagetieren ist die Dauer der Dämmerung. In den inneren Tropen ist dieses Zwielicht so kurz, dass mit Sonnenuntergang die Dunkelheit einsetzt, als ob das Licht ausgeschaltet worden wäre. Und die Nacht wird zudem sehr dunkel. Ganz anders die sprichwörtlich Weißen Nächte des Nordens, wo das Restlicht lange nach Sonnenuntergang durchaus noch ausreicht zum Zeitunglesen. Die Dämmerung wird in Richtung auf die Pole deshalb zunehmend bedeutsamer als die Tageszeit. Im hohen Norden nimmt sie im Sommer einen größeren Anteil als die eigentlichen Tag- und Nachtstunden ein; abends und morgens.

Nun müssen sich aber viele Tiere bei ihren Aktivitäten an ein Zeitbudget halten. Generell nimmt die Helligkeit darauf starken Einfluss. Und zwar umso mehr, je stärker die Tierarten vom Sehen abhängig sind. Die extremen Gegenstücke zu den uns vertrauten, tagaktiven Arten sind jene, die weitestgehend oder ganz im Dauerdunkel leben, wie der Maulwurf im Boden. Oder die »Kanalratten«, die Wanderratten *Rattus norvegicus*, die in den Abwasserkanälen leben und sich nahezu ausschließlich mit Gehör, Tast- und Geruchssinn orientieren. Nur selten einmal, wenn überhaupt, machen wir uns klar, dass dies aber die ursprüngliche Lebensweise der Säugetiere gewesen war. Als im fernen Erdmittelalter vor hundert und mehr Millionen Jahren die Dinosaurier die beherrschenden Tierformen waren, lebten die Ursäugetiere ähnlich wie die Ratten im Schutz der Nacht und bodennah im Dickicht. Erst nach dem jähen Ende der Riesenechsen vor 65 Millionen Jahren eroberten sie den Freiraum des Tages und des offenen Landes. Unsere eigene Stammeslinie der Primaten fing mit maus- und hörnchenähnlichen Formen an. Wie sie aussahen und wie sie lebten, vermitteln uns in etwa die Spitzhörnchen (Tupaias) der südostasiatischen Wälder. Noch verwunderlicher ist vielleicht: Unsere Primatenlinie ist ziemlich nahe mit jener verwandt, die zu den Flughunden und Fledermäusen geführt hat. Das Leben in der Dämmerung bis tief in die Nacht hinein gehörte also auch zu unserem eigenen, ganz fernen Ursprung in einem Erdzeitalter, in dem die Primaten den Hörnchen recht ähnlich sahen.

Somit muss der Ansatz anders gewählt werden. Die Anpassung ans Leben im Dämmerlicht kann durchaus dem Normalzustand der Säugetiere in ihrer fernen Entwicklungszeit nach dem Ende der Dinosaurier entsprechen und nicht etwa einen Spezialweg von hörnchenartigen Nagetieren darstellen, die vom Tag in die Nacht wechselten. Einen Hinweis, der diese Betrachtung verstärkt, finden wir im Sehvermögen der Säugetiere. Fast alle sind sie »bichromatisch«, nicht »trichromatisch« wie wir Menschen. Das bedeutet, dass sie Rot und Grün nicht unterscheiden können, weil sie keine entsprechenden speziellen Sehfarbstoffe dafür haben. Rot-Grün-Blinde unter uns Menschen befinden sich in diesem ursprünglichen Zustand des Säugetiersehens. Der Zugewinn von Rot als dritter Hauptfarbe nach Gelb und Blau, wodurch die sichtbare Welt so bunt und in Hunderten Nuancen farblich vielfältig geworden ist, ging allerdings auf Kosten des Helligkeitssehens. Mit dem Rot als Farbe wurde für uns die Nacht schwarz. Für die Eichhörnchen, Siebenschläfer, auch für Hund und Katze und die allermeisten anderen Säugetiere, ist sie dies nicht, sondern eine Tageszeit aus grau-lichten Helligkeitsabstufungen. Sie erfassen ihre nächtliche Umwelt ähnlich wie Infrarotkameras dies tun, also insbesondere Bewegungen und Körper. Doch je schwächer das Restlicht wird, desto schwieriger ist es, Entfernungen zu erfassen. Etwa wenn es darum geht, von Baum zu Baum zu springen oder Hindernissen im Flug auszuweichen, die im schwachen Licht plötzlich sichtbar werden.

Die Fledermäuse haben diese Problematik mit der Ultraschallorientierung gemeistert. Auf richtiges Sehen, so wie wir es verstehen, können sie verzichten, denn die Ultraschallrufe, die sie ausstoßen, vermitteln ihnen über die Echos Hörbilder. Diese sind so präzise, dass Fledermäuse im Nachtflug dünnen Drähten ausweichen und winzige Motten im Luftraum als Beute orten und gezielt danach schnappen können. Und damit sind wir bei einer Form von Nahrung, die für die meisten Nagetiere und für sehr viele andere kleinere und kleine Säugetiere so eminent wichtig ist, bei den Insekten. Sie sind, ganz allgemein betrachtet, die mengenmäßig wichtigste Quelle von Proteinen für an Land lebende Säugetiere und Vögel. Wie bereits ab Seite 30 erläutert, hat die Nahrung drei Notwendigkeiten des Lebens zu erfüllen: Sie muss genügend Energie liefern für Bewegung und für all die inneren Vorgänge, die Energie nötig haben, wie Verdauung, Kreislauf und so weiter. Sie muss das Wachsen ermöglichen, zumindest bis die Endgröße des Körpers erreicht ist, und beständig Ersatz für körpereigene Stoffe bereitstellen, die bei der

Lebenstätigkeit aufgearbeitet und ausgeschieden werden. Schließlich wird Nahrung für die Fortpflanzung benötigt. Ohne Proteine keine Babys, so das Prinzip. Zucker und Stärke sind gute Brennstoffe für den Körper, die Energie liefern. Für Eier, Junge und im Fall der Säugetiere deren Versorgung mit Milch sind Proteine unentbehrlich. Die frühen Säugetiere waren, wie wir aus Fossilfunden wissen, Insektenfresser. Viele sind es geblieben. Sogar unsere evolutionsbiologisch nächsten Verwandten, die Schimpansen, angeln sich Termiten, also Insekten, und verzehren diese mit sichtlichem Genuss. Wir Menschen haben uns einst andere, ergiebigere Proteinquellen über die Jagd von Großtieren erschlossen und schließlich mit Haltung und Zucht von Haustieren nachhaltig gesichert. Insekten als Proteinquelle spielen nur noch bei wenigen der sogenannten Naturvölker eine Rolle. Die ganz andere Alternative entwickelten Tiere, die wir als (reine) Pflanzenfresser bezeichnen, wie die Rinder und Pferde. Sie leben eigentlich nicht direkt vom Gras, das sie abweiden, sondern von den Mikroben in ihren Mägen und im Gedärm, die es in Mikrobeneiweiß umwandeln. Hätten sie diese Symbioten nicht, würden sie mit dem besten Gras verhungern.

Nach diesen Betrachtungen lässt sich leichter verstehen, worum es bei der Suche nach Nahrung am Tag oder in der Nacht geht. Sie muss alle drei Anforderungen erfüllen, sowohl was ihre Zusammensetzung als auch die Menge anbelangt. Nun ist das Insektenleben der Nacht, beginnend in der Dämmerung, aber ungleich reicher als das am Tag sichtbare. Allein die am Tag fliegenden Schmetterlinge stellen bei uns nur zwischen fünf und zehn Prozent des nachts aktiven Artenspektrums. Bei den Mengen sind die Unterschiede noch größer. Fänden sie Raupen der Schmetterlinge und Larven anderer Insekten nicht, könnten kaum insektenfressende Singvögel bei uns leben. Denn sie suchen am Tag danach. Nur wenige Vögel haben sich die Nacht als Aktivitätszeit teilweise oder überwiegend erschlossen. Allen voran die Eulen. Doch sie brauchen dazu die Kombination von extrem gutem Sehvermögen und außerordentlich feinem Gehör. Für den Fang nachts fliegender Insekten reicht das nicht. Sie sind die Domäne der zu den Säugetieren gehörenden Fledermäuse. Vögel, die bei Tageslicht nach Insekten suchen, tun dies so gut wie ausschließlich optisch. Ihre Augen sind besser als unsere. Viele Farben und Muster der Insekten richten sich an Vogelaugen oder schützen davor, von solchen gesehen zu werden. Säugetieraugen hingegen erfassen Bewegungen besser. Was ihnen aufgrund fehlender Farbtüchtigkeit verschlossen bleibt, gewinnen sie mit dem Erkennen feinster Bewegungen. Im optischen Bereich bietet dazu die Dämmerung das breite Übergangsfeld. Bei abnehmender Helligkeit wird es für die Vögel rasch schwierig, Insekten und andere Kleintiere zu finden. Sie ziehen sich zum Schlafen zurück. Für die kleineren und kleinen Säugetiere beginnt hingegen mit der Dämmerung die bessere Zeit. Sie sehen die Welt heller, viel heller als wir und auch als die allermeisten Vögel. Und sie erfassen Bewegungen. In der Natur regt es sich überall, wenn das Tageslicht schwächer wird und die Luftfeuchte ansteigt. Das ist die große Zeit der Insekten – auch der Mäuse, wie wir wissen, und die Zeit der Mäusejäger. Da zieht es die Katzen hinaus. Füchse und Marder streifen umher und achten auf jedes noch so feine Piepsen oder Rascheln. Die Vertiefung in die Welt der Geräusche kennen am besten Menschen, die in der Kindheit erblindeten. Das Tasten und Ertasten im unmittelbaren Nahbereich kommt als Orientierungshilfe hinzu.

Nach diesen allgemeinen Erläuterungen zu den Säugetieren kommen wir zurück zum Siebenschläfer und den Schlafmäusen. Wir müssen sie eingebunden in die Gesamtwelt der Säugetiere betrachten, die Vögel mit ihren Fähigkeiten berücksichtigen und die Insekten als Nahrungsgrundlage heranziehen, wollen wir ihren Entwicklungsweg und ihre besonderen Fähigkeiten verstehen. Aus den obigen Ausführungen ergibt sich zwangsläufig, dass Siebenschläfer wie Flughörnchen am besten in die Gegenden der langen Dämmerung passen. In diesen Regionen der Erde konzentriert sich die jahreszeitliche Produktion von Insekten auf den Früh- und Hochsommer, die von Beeren und Früchten, Samen und Nüssen auf den Herbst. Eine so ausgeprägte Saisonalität gibt es in den Tropen nicht. Die Verhältnisse sind ausgeglichener, ohne Zeiten des Überflusses, denen Mangel im Winter und Frühjahr folgt. Um das wichtigste Ergebnis vorwegzunehmen, auch wenn die Verhältnisse bei der Behandlung des Winterschlafs noch etwas genauer betrachtet werden: Siebenschläfer und Schlafmäuse nutzen den Überfluss des Sommers und nehmen diesen in Form von Körperfett mit in den Schlaf, den sie als echten Winterschlaf, als Torpor, monatelang vom Herbst bis zum nächsten Frühjahr führen. Mehr noch als die Eichhörnchen hängen sie in ihrer Ernährung für die Fortpflanzung von Insekten ab. Ähnlich wie die Eichhörnchen nutzen sie den Öl- und Fettgehalt von Nüssen und den Zuckergehalt von Früchten als Reserven. Aber sie speichern diese Energieträger direkt in Körperfett, nicht in verteilten Depots irgendwo im Wald. Auf diese Weise kommen trotz vieler Ähnlichkeiten erhebliche Unterschiede zwischen Eichhörnchen und Siebenschläfer zustande.

Intensiv erlebt hatte ich ihre Eigenheiten, als wir im Spätsommer 1967 zwei verwaiste Siebenschläferbabys erhielten. Schmurksi, wie wir den überlebenden nannten, wurde ein reizender kleiner Kobold, dessen Charme sich niemand entziehen konnte – mit einer speziellen Ausnahme, aber dazu später.

Schmurksi, der Siebenschläfer

Die beiden Siebenschläferbabys waren noch sehr klein, als sie uns gebracht wurden. Bei spätsommerlichen Aufräumarbeiten in einem Gartenhäuschen waren sie aus einer Rolle Toilettenpapier gefallen. Die Siebenschläfermutter hatte darin das Nestchen für ihre Kleinen gebaut. Sie kam nicht wieder, um die beiden Winzlinge abzuholen und in ein anderes Versteck zu bringen. Stunden später lagen sie noch immer am Boden in den verstreuten, zerschlissenen Resten des Toilettenpapiers. In der Annahme, wir könnten sie retten, wurden sie uns übergeben. Damals war ich noch Zoologiestudent. Zu Versorgung und Aufzucht von Siebenschläferkindern hatte es im Lehrangebot an der Universität München allerdings keine Vorlesungen gegeben. Dass ich in meiner Schulzeit gelegentlich Mäuse gehalten hatte, war für die Herausforderung, Siebenschläferbabys zu versorgen, nicht sonderlich hilfreich. Allenfalls passte die Größenordnung. Denn so klein, wie die beiden noch waren, hätten sie auch Mäusejunge sein können. Also gab es nur zwei Möglichkeiten: die Tierchen gleich zu töten oder ihre Aufzucht zu versuchen. Eines der beiden Siebenschläferbabys kam wegen dieser Unerfahrenheit nach wenigen Tagen ums Leben. Die Fütterung mit leicht verdünnter Kuhmilch, die mit entsprechend winzigen Mengen von Vitaminen versetzt worden war, misslang, weil die Mini-Fläschchen, aus denen wir sie trinken ließen, dafür nicht taugten. Drückten die kleinen Siebenschläfer mit ihren Pfötchen gegen den weichen Gummischnuller, schoss ihnen ein Strahl Milch in den Mund. In Bläschen kam sie bei den Näschen wieder heraus. So ging es also nicht. Die bessere Lösung war ein engporiges Schwämmchen, aus dem sie die Milch Tropfen für Tropfen drücken konnten. Für ein Siebenschläferbaby kam die Umstellung zu spät. Es hatte zu viel Milch in die Lunge bekommen. Das andere hatte Glück. Es gedieh, auch weil sich meine Mutter sehr viel Zeit dafür nahm. Sie fütterte es in kurzen Abständen und hielt das Baby handwarm; auch die Nächte über. Alle ein bis zwei Stunden stand sie auf und fütterte es wieder. Wir nannten den Überlebenden »Schmurksi«. So hieß der Siebenschläfer, den die österreichischen Verhaltensforscher Otto und Lilly Koenig auf ihrer Biologischen Station Wilhelminenberg bei Wien Jahre vorher gehalten hatten. Er, der, wie sich herausstellte, eine Sie war, begründete dort eine »Dynastie von Siebenschläfern« (Koenig 1965). Mit deren Aktivitäten waren die Verhaltensforscher bei allem Interesse nicht immer einverstanden. Denn die Siebenschläfer zerlegten Bücher, hinterließen ihre Krümel an unpassenden Stellen und verhielten sich halb zahm oder halb wild, je nachdem, wie es ihnen gerade passte. Irgendwann mussten sie ausgesperrt werden, weil sie in den Räumen der Forschungsstation nicht mehr zu tolerieren waren.

Die Entwicklung unseres Schmurksi verlief anfänglich gerade so, wie von Otto Koenig (1965) geschildert. Aber sie nahm einen anderen Verlauf, nachdem das Siebenschläferkind den ersten Winter überstanden hatte und anfing, erwachsen zu werden. Schmurksi blieb nämlich all die Jahre bis zu seinem Lebensende absolut vertraut, zerstörte nichts, biss auch nicht und war eng an uns Menschen gebunden. Er verbarg sein Leben nicht, sondern stellte sich damit, so gut es für ihn als nachtaktives Wesen ging, auf unseren Tagesablauf ein. Er blieb munter, nachdem wir schlafen gegangen waren. Das durfte er auch, denn meine Mutter stellte ihm die geräumige Wohnküche dafür zur Verfügung. Mit einigen Vorsichtsmaßnahmen, versteht sich. Damit sich Schmurksi darin »ordentlich« benahm, wurden Brot und andere Lebensmittel verschlossen aufbewahrt, um ihn nicht in Versuchung zu führen. Dass in der Küche, nachdem Schmurksi groß genug geworden war, an ungewöhnlichen Stellen aufgenagte Walnussschalen herumlagen, nahm Mutter gelassen hin. Manche Nussstücke waren nicht direkt sichtbar, sodass man sich unter Umständen daraufsetzte, etwa wenn sie unter einer Couchdecke lagen. Schmurksi durfte dies. Denn seine Pflegemutter übte alle Nachsicht. Sie war sehr angetan von seiner Sauberkeit. Zum Absetzen seiner nahezu geruchlosen Krümel begab er sich stets hinter den Fernsehapparat. Nur diese eine, leicht sauber zu haltende Stelle war seine Toilette. Niemand sah das, der in die Küche kam. Damals war ein Fernsehgerät noch ein wahres Monstrum. Wir hatten es in eine Ecke der Wohnküche gestellt. Dahinter blieb vor der Wand ein freier Winkel, auf dem die Zeitung abgelegt worden war. Schmurksi befand, dass sich diese Stelle ideal für ihn eignete, um ungesehen und ungestört sein Geschäft zu verrichten. Wir schlossen uns seiner Meinung an und sorgten dafür, dass immer frisches Zeitungspapier vorhanden war. Sein Klo blieb an diesem Ort. Das Schlafkästchen konnten wir an jede beliebige Stelle versetzen. Er fand es schnell und störte sich nicht daran, dass der Platz nicht der gleiche wie am Abend davor war. Dieser überraschenden Stubenreinheit verdankte er die Freiheit, die er genießen durfte, auch als er längst erwachsen war.

Im September 1967 war er aber noch ein hilfloser Winzling mit feinen silbrig glänzenden Haaren und scheinbar zu groß geratenem Kopf. Nachdem die schützende Haut von seinen Augen gewichen war, die sie anfänglich vollständig bedeckte, fing Schmurksi an, sein Nest und die unmittelbare Umgebung zu erkunden. Er beschnupperte unsere Hände, kroch vorsichtig darauf herum, wich vom Rand ganz von selbst zurück und kuschelte sich zu einer winzigen silbergrauen Kugel zusammen, sobald man die Finger zum Körbchen schloss. Nach etwa drei Wochen konnte er sich einigermaßen orientieren. Er fing an, die Milch aus einem Schüsselchen aufzulecken. Das vereinfachte seine Versorgung enorm. Schmurksi schmatzte mit sichtlichem Vergnügen, wenn er eine halbe Weintraube erhielt. Bald nahm er anderes Obst, wie süße Äpfel und Birnen, dann auch Nüsse, als seine Zähne groß genug geworden waren. Er gedieh prächtig. Mit zunehmend geschickterem Herumklettern erforschte er seine für Siebenschläfer geradezu riesengroße Kinderstube. Am liebsten war er direkt an meiner Mutter. Überraschend schnell erkannte er, dass er in Ärmel von Bluse oder Jacke hinein und darin hochklettern konnte. Oft suchte er sich in der Kleidung eine körpernahe Stelle, in der er sich zum Schlafen zusammenrollte. Noch war er bis fast zum Beginn des Winters weitgehend tagsüber aktiv, aber mit mehr oder minder langen Ruhepausen. Hantierte Mutter in der Küche, lag nicht selten Schmurksi in einem Ärmel oder einer Jackentasche und ließ sich von den Bewegungen schaukeln. Aus dem anfänglich sehr ausgeprägt flachen Krabbeln, bei dem er auf dem Bauch rutschte, wurde bald ein Laufen mit angehobenem Schwanz. Hatte er es aus irgendwelchen, für uns nicht nachvollziehbaren Gründen eilig, machte er auch kleine Hüpfer. Sie wirkten zunächst unbeholfen, wurden aber bald eleganter und zielsicher. Dabei deutete sich an, was später in seinem Erwachsenenleben ganz bezeichnend wurde: Er peilte durch ruckartige Seitwärtsbewegungen des ganzen Körpers die Entfernung auf das Ziel, bevor er absprang. Die allermeisten Sprünge trafen. Ganz selten einmal verschätzte er sich, vielleicht weil er von Natur aus nicht auf so glatte Oberflächen eingestellt war, wie sie die Küchenmöbel haben. Doch mit seinen immer spürbar feucht wirkenden Pfötchen fand er auch auf lackiertem Untergrund Halt.

Die ersten Monate waren für Schmurksi natürlich eine Zeit des Kennenlernens seiner Umwelt. Immer wieder beeindruckte es mich, wie selbstverständlich dies alles ablief. Die Wohnküche mit ihrer Struktur schien keine grundsätzlich andere Herausforderung für den jungen Schmurksi darzustellen als die Gärten oder der Wald, der Lebensraum der Siebenschläfer. Sein erforschendes Verhalten ließ gut nachvollziehen, weshalb die frei lebenden Siebenschläfer ohne Weiteres auch Gebäude mit in ihren Lebensbereich einbeziehen, so sie Zugang finden und ihnen Dachböden oder Gartenhäuschen zusagen. Die Küche hatte aber auch ihre Tücken. Drei Herausforderungen musste sich Schmurksi in seinen Lernmonaten stellen. Zwei davon hätten fatal ausgehen können. Die erste und schlimmste Erfahrung machte er mit dem Herd, ein Ofen des alten bäuerlichen Typs mit Holzfeuerung und einem breiten Metallrand, auf dem heiß gehalten werden konnte, was nicht zu rasch abkühlen sollte. So sehr wir uns auch bemühten, Schmurksi davon und von der noch viel heißeren Herdplatte fernzuhalten, passierte eines Abends das Unglück doch. Er war zu schnell auf den Herdrand gesprungen – zum Glück nicht auf die Platte selbst. Dennoch war das schlimm genug. Noch bevor die Füßchen zu einem zweiten Hüpfer darauf aufsetzten, drehte er sich zur Seite und ließ sich auf den Boden fallen. Mutter nahm ihn zutiefst erschrocken auf die Hand. Darin drehte er sich auf den Rücken und beleckte seine rosigen Pfötchen. Wir meinten, winzige Brandblasen erkennen zu können. Wassertröpfchen verschafften ihm offenbar Linderung. An diesem Abend wollte Schmurksi nicht mehr herumlaufen. Aber am nächsten war er schon wieder munter. Fast so, als ob nichts geschehen wäre, sauste er umher, über die Couch, zum Fernseher, auf diesen hinauf (»unser liebstes Programm«, wie wir zu sagen pflegten, weil er sich dort besonders ausgiebig das Fell putzte), zum Küchenschrank, mir oder Mutter die Beine hoch und so weiter. Den Herd mied er. Nie wieder kam er ihm nahe. Er war zur siebenschläferischen Verkörperung von »Gebranntes Kind scheut das Feuer« geworden.

Die zweite Herausforderung hätte ebenfalls schlimm enden können, wären wir nicht dabei gewesen. Wir hatten einen Krug auf der Anrichte neben dem Herd stehen, der täglich mit Frischwasser gefüllt wurde. Dass dieser große, außen emailglatte Krug Schmurksi interessieren könnte, ahnten wir nicht. Vielleicht hatte er einfach Durst, obwohl bei seinem Schlafkästchen immer auch ein Schälchen Wasser stand. Oder er war bloß neugierig. Denn plötzlich hing nur noch sein buschig gewordener Schwanz über den Rand des Kruges. Im nächsten Moment verschwand auch dieser. Schmurksi war in den Wasserkrug gestürzt. Aus eigener Kraft wäre er nie wieder daraus hervorgekommen. Für uns war die

Rettung ganz einfach. Schmurksi sah aus wie eine getaufte Maus. Er schüttelte und schüttelte sich und war sichtlich froh, als ihn Mutter mit einem Tuch richtig abtrocknete – und in ihren Ärmel schlüpfen ließ, wo er vollends nachtrocknete. Der Wasserkrug wurde aus der Küche verbannt und fortan nicht mehr genutzt. An seiner Stelle boten wir Schmurksi mehrere kleine Gefäße mit stets frischem Wasser, aus denen er mühe- und gefahrlos trinken konnte.

Die dritte Herausforderung war der Türrahmen. An diesem wollte er unbedingt hochklettern. Nach den ersten zwanzig oder dreißig Zentimetern rutschte er ab und glitt zu Boden. Das hielt ihn nicht ab. Wieder und wieder versuchte er es mit einer Verbissenheit, die uns verwunderte, weil kein Ziel seines Kletterns zu erkennen war. Mehrere Wochen brauchte er. Eines Abends schaffte er es. Und lief, mit wackelndem Schwanz balancierend, oben am Türrahmen entlang, um auf der anderen Seite doch gleich wieder herunterzufallen. Aber die Querpassage war ihm gelungen. Fortan zog er es vor, nur bis zur Türklinke zu klettern und sich auf diese zu setzen. Von dort sprang er auf die Hand, die sich ihm zum Öffnen der Türe entgegenreckte. Bald bemerkte er, dass ihm auf diese Weise die Türe aufgemacht wurde und er damit einen »Ausflug« erreichte. Der hilfreichen Person, meistens meiner Mutter, setzte er sich auf die Schulter und ließ sich umhertragen. Die Welt außerhalb der Küche betrachtete Schmurksi nur von uns aus. Er machte keine Anstalten, sie auf eigenen Pfoten zu erkunden. Die Wohnküche war ihm groß genug. Besonders reizvoll fand er ein Kletterspiel, das zumeist folgendermaßen ablief: Er sprang von irgendeinem Platz auf die Hand, sauste blitzschnell den Arm hoch, rannte den Rücken hinab, hüpfte zum Boden, schaute erwartungsvoll zu uns hoch, bis ihm wieder eine Hand hingestreckt wurde. Wieder und wieder machte er diese Klettertour. Dabei bezog er die betreffende Person durch sein aufforderndes Anvisieren ganz direkt ein in sein Kletterspiel. Wir sollten offenbar mitmachen. Sonst sprang er uns einfach an, häufig wenn wir ihm gerade den Rücken zugedreht hatten, dabei aber in seine Nähe kamen, dass er den Sprung als erfolgreich abschätzen konnte. Verschätzt hat er sich eigentlich nie. Die wenigen missglückten Sprünge wurden von uns verursacht, weil wir uns im Moment seines Absprungs unvermittelt drehten. In der Luft half kein Nachsteuern mehr. Schmurksi war eben kein Flughörnchen, das während des Gleitflugs sehr wohl recht gut lenken kann.

Da er keinen Ton von sich gab, passierte es oft, dass man Schmurksi mit spürbarem, aber weichem Aufprall plötzlich auf der Schulter oder am Hals, gelegentlich sogar mitten auf dem Kopf hatte. Er war ja abends immer da und munter. Saßen wir beim Abendessen, flitzte er plötzlich heran, quer über den Tisch, nicht über die Teller, und setzte sich meiner Mutter auf die Schulter. Von dieser Warte aus schaute er ihr beim Essen zu. Ablenken ließ er sich leicht. Eine Haselnuss genügte. Er nahm sie mit beiden Vorderpfoten ganz vorsichtig an, »richtig zivilisiert«, wie Mutter meinte, und verschwand sogleich damit, um sie an für ihn passenderer Stelle aufzunagen und zu verzehren. Das Raspeln an Nüssen gehörte in diesen Wochen vor Weihnachten fast allabendlich zur akustischen Begleitung des Essens. Auch sonst ließ er sich mit einer Haselnuss beliebig ablenken und fortlocken. Denn nicht immer war es angebracht, einen kleinen, noch recht mausartigen Siebenschläfer irgendwo am Körper zu haben. Zumeist durfte Schmurksi aber fast alles. Setzte sich meine Mutter nach dem Abendessen auf die Couch, um in der Zeitung zu lesen, saß er bei ihr und schaute von der Schulter herab. Das sah aus, als ob er mitlesen würde. Raschelte sie aber zu sehr mit der Zeitung, verschwand er. Das Geräusch der Zeitung missfiel ihm so sehr, dass man ihn damit aus jedem Schlupfwinkel heraustreiben konnte. Las Mutter in einem Buch, herrschte für beide richtig entspannte Abendatmosphäre, wenn draußen die Tage immer kürzer und drinnen die Abende länger wurden. Da geschah es mitunter, dass beide einschliefen. Immer wenn ich mich daran erinnere, bedauere ich, dass man damals keine Videos solcher Szenen machen konnte. Nur die Erinnerung kann sie wiedererwecken.

Eine der reizvollsten Szenen kam zustande, als Schmurksi, vom Tagesschlaf erwacht, einen Weihnachtsbaum neben dem Fernseher vorfand. Diese Neuerung war offenbar etwas grundsätzlich anderes als ein Wäschekorb oder etwas ihm Unbekanntes, das plötzlich im ihm vertrauten Weg war. Seine Routen kannte er längst genauestens, sodass er aus vollem Lauf übers Sofa zur Sitzbank am Tisch springen konnte, ohne die Entfernung taxieren zu müssen. Auch wenn man auf dem Sofa saß, unterbrach er seinen Lauf nicht, sondern sauste einfach darüber hinweg. Doch nun stand der Baum geschmückt mit bunten Kugeln und Wachskerzen auf einem kleinen Podest am Boden neben dem Fernsehgerät, hinter dem Schmurksi ja regelmäßig zu »tun« hatte. Der Lauf dorthin war in der Regel das Erste, was er machte, wenn er gegen Abend aus dem Tagesschlaf erwachte. Das tat er an diesem Abend zwar auch, erkletterte den Fernseher aber von der Rückseite her und schaute mit weit vorgestrecktem Kopf zum Weihnachtsbaum hinüber. Das war gegen vier Uhr nachmittags. Draußen herrschte das üblich triste Dezemberwetter mit leichtem Regen. Weiße Weihnachten waren auch vor einem halben Jahrhundert keineswegs die Regel. Also war bereits das Licht angeschaltet. Die Kugeln glitzerten. Sie spiegelten die simple Glühbirne der Deckenlampe. Der Baum, eine Fichte, verströmte sicherlich das Aroma von Harz. Wenige Tage vorher hatte ich den Weihnachtsbaum beim Förster geholt. Tannen oder gar fremdländische Nadelbäume gab es damals in meinem niederbayerischen Heimatdorf nicht, sondern nur frisch geschlagene Fichten aus dem nahen Forst und nur vom Förster direkt (abgesehen von den nicht Wenigen, die der Meinung waren, dass der Staatsforst dazu da ist, dass sich die Bevölkerung selbst den Baum daraus holt, den man haben möchte). Da stand sie also nun, die ziemlich schlanke, knapp zwei Meter hohe Fichte; der erste Baum, den Schmurksi zu Gesicht bekam.

Der Baum faszinierte ihn sichtlich. Hin und her rutschte er auf dem Fernseher. Plötzlich schnellte er sich mit einem Satz hinüber. Wir wollten schon Beifall klatschen - was ganz falsch gewesen wäre. Denn Schmurksi fiel einfach durch und taumelte bis zum Boden hinunter. Dort rieb er sich die Pfötchen und schaute nach oben in den Baum hinein. Jetzt begriffen wir: Die Nadeln der Fichte hatten ihn gestochen. So etwas kannte er nicht. Doch der Reiz des Baumes war da. Und blieb. Schmurksi schaute wieder und wieder nach oben in die nadelstarrenden grünen Zweige mit den glitzernden Kugeln. Die größten, so groß wie eine Männerfaust, hingen am untersten Kranz der Äste. Eine solche peilte er nun an. Aus einem kurzen Anlauf heraus schnellte er sich hoch und landete präzise neben der Aufhängung. Diese gab im selben Moment nach. Schmurksi war zu schwer. Auf der Kugel reitend fiel er zu Boden. Diese zerplatzte, und er saß mitten in einem Scherbenhaufen. Zum Glück hatte ihn das dünne Glas nicht geschnitten. Der Lerneffekt fiel anders aus, als von uns erwartet. Er zögerte nicht, sondern nahm sich die nächste Kugel vor. Mit dem gleichen Resultat. Nachdem er die dritte zerstört hatte, wurde eingegriffen. Schmurksi erhielt eine Haselnuss, und der Weihnachtsbaum wurde in einen anderen Raum umgestellt. Das war unbequem, aber unvermeidlich. Bis die Tage nach Weihnachten blieb der Baum ausquartiert. Dann hatte ich Plastikkugeln als Ersatz besorgt. Entsprechend sicher befestigt, wie auch die restlichen kleinen Glaskugeln oben im Spitzenbereich, die uns für Schmurksi zu klein schienen, ersetzten die Plastikkugeln die zerstörten und auch die noch nicht beschädigten Kugeln. Nun war, so meine Annahme, der Weihnachtsbaum schmurksitauglich. Das fand Schmurksi auch und nutzte die Möglichkeiten, die der Baum bot. Zunächst, und dies sehr ausgiebig, fand er das Schaukeln auf den großen Kugeln prima. Sie fielen jetzt nicht mehr zu Boden, sondern trugen ihn, auch wenn er mit Schwung vom Fernseher auf sie sprang. Der Anblick, den er bot, war zauberhaft: Schmurksi auf einer roten Kugel, die wie eine Glocke hin- und herschwankte, den Schwanz halb um sie gekrümmt! So saß er fest und konnte nach Lust und Laune schaukeln. Er probierte alle Kugeln durch bis auf die kleinen oben, die er auch als dafür untauglich einstufte. Bald hatte er gelernt, den Baum zu erobern, ohne gestochen zu werden. Das ging mit vorsichtigem, langsamem und abtastendem Klettern. Von den Kerzen hielt er nichts. Er warf einige vom Baum, verlor aber rasch das Interesse. Schaukeln war viel schöner. Und nach aufgehängten Nüssen zu suchen. Ihn damit zu fordern, konnten wir uns natürlich nicht verkneifen, auch wenn Walnüsse oder Haselnüsse an einer Fichte biologisch nicht zusammenpassen. Da Schmurksi den Baum allabendlich ziemlich intensiv als Turngerät benutzte, sah dieser gegen Ende der üblichen Christbaumzeit, zum 6. Januar, ziemlich mitgenommen aus. Er durfte in diesem Jahr bis Ende Januar bleiben, obgleich er zunehmend stärker nadelte und manche Äste kahl wurden. Denn wir brachten es nicht über uns, ihn Schmurksi wegzunehmen. Mehrere Abende suchte er noch nach dem Baum, nachdem dieser entsorgt worden war. Schmurksi ahnte natürlich nicht, dass das ungewöhnlich knisternde Feuer im Herd davon rührte, dass der weitgehend dürr gewordene Baum verbrannt wurde. Er kletterte nun umso mehr an uns herum.

Längst wäre es für Schmurksi Zeit gewesen, Winterschlaf zu halten. Das tat er im ersten und auch im zweiten Winter seines Lebens nicht. Deshalb gab es im zweiten nochmals ganz ähnliche Freuden mit dem Weihnachtsbaum. Dieses Mal aber mit einer Tanne, die ich in einer nahe gelegenen Kleinstadt für damalige Verhältnisse sehr teuer erstehen konnte. Dank ihrer nicht stechenden Nadeln wurde sie für Schmurksi nun ein mindestens ähnlich großes Klettervergnügen, wie ihm das Schaukeln auf den Plastikkugeln Spaß machte. Im Herbst vor Beginn seines dritten Winters war er dann fett genug geworden, um reif für den Winterschlaf zu sein. Da wog er 180 Gramm. Im Oktober wurde er von Abend zu Abend träger, kam später und benutzte sein übliches (warmes) Schlafkästchen nicht mehr. Wir machten ihm einen Holzkasten zurecht, der einem Nistkasten glich und einen abnehmbaren Deckel hatte. Mit weichen Lappen gefüllt, zeigten wir ihn Schmurksi und stellten den Kasten in ein ungeheiztes Zimmer. Er akzeptierte den Kasten sofort und schlief sich in den Winterschlaf hinein. Da fehlte er uns doch sehr an den langen Winterabenden. Von Zeit zu Zeit sah ich nach, ob alles bei ihm in Ordnung war. Kugelig zusammengerollt lag er in den Tüchern, den so schön buschigen Schwanz über das Gesicht gelegt, und fühlte sich kalt wie tot an. Da er nicht gestört und unnötig aufgeweckt werden sollte, maß ich nicht genau, wie kalt sein Körper war. Das zum Bauch hingeführte Thermometer zeigte drei Grad Celsius.

Doch zurück in die Zeit, in der er keinen Winterschlaf hielt. Da vergnügte er uns die Abende mit seinem koboldhaften Wesen. Einmal löste dieses einen ganz gewaltigen Schreck aus. Die Nachbarin war gekommen, um von meiner Mutter etwas zum Kochen zu erbitten, das ihr ausgegangen war. Sie stand mitten in der Wohnküche, als sie plötzlich einen markerschütternden Schrei ausstieß. Am ganzen Körper zitternd rang sie nach Luft, um etwas zu sagen, was sie aber nicht hervorbrachte. Da dies aus einem ganz normalen Gespräch heraus passierte, erschraken auch wir sehr. Hatte sie einen Anfall bekommen? Wir kannten sie gut und wussten von keiner Erkrankung. Da dämmerte meiner Mutter der mögliche Grund: Schmurksi. Sie ging vor der Nachbarin in die Knie und rief nach ihm. Nach einer kleinen Ewigkeit erschien sein Näschen am Saum des Rocks. Schmurksi schnupperte. Aber so einfach wollte er den neuen Kletterbaum nicht verlassen. Die Nachbarin zitterte immer noch und rang nach Luft. Dass Mutter sagte, das ist nur Schmurksi, entschärfte die Situation nicht wirklich. Dazu kam es erst, nachdem ich eine Rosine gebracht hatte. Sie wirkte. Schmurksi schwang sich unter dem Rock hervor, holte sich mit ein paar munteren Sprüngen den Leckerbissen und zog sich damit auf den Fernseher zurück. Die Nachbarin stürzte hinaus. Was sie erbeten hatte, vergaß sie. Mutter trug es ihr nach und versuchte, ihr zu erklären, dass unser Schmurksi ein süßer Siebenschläfer und keine Maus ist. Das war der jungen Frau reichlich gleichgültig. Sie kam nie wieder ins Haus. Der gut nachbarschaftlichen Beziehung tat Schmurksis Fauxpas zum Glück keinen Abbruch. Aber dass ihr bei uns »eine Maus unter den Rock läuft«, das wollte sie nicht mehr riskieren.

Der Fehler lag natürlich bei uns. Wir hätten sie auf den munter gewordenen Siebenschläfer aufmerksam machen sollen. Gewiss wäre ihre Reaktion ganz anders ausgefallen, wenn er ihr zuerst auf die Hand gehüpft wäre, auf der sie ihm eine Nuss hätte hinhalten können. So machten wir es bei Besuchern, wenn sie zur Zeit des Wachseins von Schmurksi zu uns kamen. Alle waren sie von ihm begeistert; ausnahmslos. Er war ja auch zu putzig. Nur ärgern durfte man ihn nicht. Gab man ihm die Nuss nicht gleich, wenn er sie mit den Zähnen erfasste, biss er blitzschnell in den Finger daneben. Sanft zwar, aber deutlich genug. Mich faszinierte, wie rasch er den Zusammenhang erkannte und wie fein er die Beißstärke dosierte. Verletzt hat er weder uns noch jemand anderen. Das wunderte mich, weil in vielen Veröffentlichungen vor der Bissigkeit der Siebenschläfer gewarnt wird. Ich kannte das von seinen entfernten Verwandten, den Zieseln. Sie bissen sofort heftig zu, wenn ihnen etwas nicht passte. Die Nagezähne solcher Tiere gehen tief. Verständlicherweise, denn sie nagen damit ja harte Nüsse auf. Oder Löcher ins Holz, auch in hartes Möbelholz. Deshalb verblüffte und erfreute der zarte Umgang, den Schmurksi in dieser Hinsicht mit uns Menschen pflegte, stets aufs Neue.

Harmlose Überraschungen fabrizierte er immer wieder. Besonders in den ersten Jahren kletterte er oft auch tagsüber an meiner Mutter herum oder rollte sich an geeigneter Stelle in ihrer Kleidung zusammen. Einmal kam der Briefträger und läutete morgens zu einer Zeit, zu der Schmurksi fast immer schlief. An jenem Tag war er aber munter und steckte im Jackenärmel meiner Mutter. Als sie die Post entgegennahm, schaute Schmurksi, neugierig, wie er immer war, plötzlich aus dem Halskragen hervor. »Mei, du host a Maus an deim Krogn!«, rief er aus. Mutter klärte ihn auf: »Des is koa Maus, des is unsa Schmurksi!« Womit er offenbar nicht viel anfangen konnte, weil ihm »Schmurksi« nichts sagte. Kopfschüttelnd setzte der Briefträger seinen Gang fort. Was er über diese Begegnung im Dorf erzählte, erfuhren wir nicht. Aber nach und nach machte die Kunde die Runde, dass es bei den Reichholfs eine große silbergraue Maus gibt, die keine Maus sein soll, sondern ein Siebenschläfer.

Tagsüber schlief er im Frühjahr zunehmend länger und schließlich ganz durch. Im Sommer kam er zwar bei Helligkeit aus seinem Kistchen, aber der Uhrzeit gemäß doch spät, um 21 Uhr oder etwas danach. Das schränkte die Möglichkeiten ein, mit ihm zu spielen. Der von der Helligkeit vorgegebene Tagesrhythmus gewann zunehmend an Einfluss auf ihn, je älter Schmurksi wurde. Die Winterabende waren daher die schönste Zeit mit ihm, solange er nicht Winterschlaf hielt. Einmal zeigten wir ihm Schnee, der frisch gefallen war und knöchelhoch alles bedeckte. Schmurksi schnupperte daran. Sein Näschen zuckte erregt. Äußerst vorsichtig tapste er darauf und leckte sich sofort die Pfote, die den Schnee berührt hatte. Seine Ratlosigkeit war offensichtlich. Schnee kommt im Leben der Siebenschläfer nicht vor. Sie schlafen längst, wenn es kalt genug zum Schneien geworden ist. Die neuartige Erfahrung reizte ihn auch nicht. Schmurksi drehte auf der Hand um und kletterte den Arm hoch bis zur Schulter. Und putzte sich ausgiebig. Mit Blumen war es anders. Diese beschnupperte er durchaus genauer. Hineingebissen hat er aber nie. Unsere Blumen am Fenster zerstörte er nicht. Bei Eichhörnchen kann das durchaus passieren. Im Sommer hörte man ihn nachts häufig an etwas raspeln, wenn man aus irgendeinem Grund wach wurde. Wir gaben ihm besonders viele Walnüsse, damit er bei ihrer Bearbeitung die Nagezähne abnutzte, denn diese wachsen zeitlebens weiter. Bekommt so ein Nagetier zu weiche Nahrung und hat es keine Möglichkeit, an geeignetem Material zu nagen, werden sie zu lang, können aneinander vorbeiwachsen und das Tierchen schwer behindern. Schmurksi bekam daher immer auch kräftige Äste, deren Rinde er mochte und intensiv benagte. Nicht systematisch, wie Biber oder Eichhörnchen, sondern chaotisch, weil es ihm dabei nicht um Nahrung ging, sondern nur um das für seine Zähne nötige Nagen. Dass er die Kalkmenge bekam, die er brauchte, dafür erhielt er die in der Kleinvogelhaltung geschätzte Quelle Sepia-Schulp, die breit lanzettförmigen »Rückenschilde« von Sepia-Tintenfischen. Dieses Angebot verhinderte wohl, dass er Kalk von der Zimmerwand nagte. Offenbar wurden seine Knochen fest und stark genug davon, denn nie brach er sich ein Bein bei seinen aus gewagten Sprüngen entstandenen, gleichwohl seltenen Abstürzen. Mit dem dritten Winter, den er erstmals im Winterschlaf verbrachte, normalisierte sich sein Jahreslauf, bis er nach Jahren daraus nicht mehr erwachte. Nach draußen wollte er nicht. Mit den echten Bäumen im Garten konnte er nichts anfangen. Nach kurzem Klettern hüpfte er wieder zurück, offensichtlich irritiert von der Fremdartigkeit dieser Umwelt. Einerseits waren wir beruhigt, bei solchen Erkundungsversuchen zu sehen, dass er »die Natur« nicht vermisste. Andererseits hätten wir ihm aber gern die Freiheit geboten und die Möglichkeit, Artgenossen zu finden und sich fortpflanzen zu können.

Siebenschläfervorkommen kannte ich zwar weit und breit keine, aber sie hätten sich gewiss finden lassen, wenn Schmurksi Interesse an der Außenwelt gezeigt hätte. Im Sommer stellten wir einen großen Käfig nach draußen, in dem er nachts aktiv sein konnte, für den Fall, dass es in der Nähe doch Siebenschläfer gab und eine Kontaktaufnahme zustande käme. Doch ohne Erfolg. Dass niemand im Dorf Siebenschläfer kannte, deckte sich mit diesem Befund. Daher war Schmurksi so etwas Besonderes; viel ungewöhnlicher, als es ein zahmes Eichhörnchen gewesen wäre. Auch wenn wir mit den Jahren immer weniger von ihm mitbekamen, weil er im Sommer strikt nachtaktiv wurde und in den Wintern schlief, war es ein schmerzlicher Verlust, als er nicht mehr aus dem Winterschlaf erwachte. Und letztlich doch ein trauriges Ende, weil wir ihm in unserer Menschenwelt nur einen sehr unzureichenden Ersatz für das Leben mit seinesgleichen schaffen konnten. Wenn gegenwärtig im Sommer in einer nahen Waldgastwirtschaft bei einsetzender Dämmerung Siebenschläfer aus dem Gebälk eines überdachten Biergartens kommen und sich auf einem für sie zurechtgemachten Brettchen ausgelegte Nüsse holen, rufen sie jedes Mal wieder die Erinnerungen an Schmurksi wach. So eine Möglichkeit, ihn mit Artgenossen vertraut zu machen, hatte uns damals für Schmurksi gefehlt. Vielleicht wäre es aber auch nicht gut gegangen. Ein solches »Was-wäre-wenn«-Denken hat keinen Sinn. Ebenso wenig wie die Frage, ob wir Schmurksi nicht besser hätten sterben lassen sollen, als wir ihn als würmchenartiges Siebenschläferkind erhielten. Sein Überleben war für ihn gewiss nicht deshalb wertlos, weil es kein Leben mit anderen Siebenschläfern gewesen war. Solche Überlegungen führen immer wieder zu der grundsätzlichen Problematik, ob scheinbar oder tatsächlich verlassene Jungtiere großgezogen werden sollen oder nicht. Allzu vorschnell wird gerade von solchen Personen moralisiert, die dergleichen selbst nicht erlebt haben und die dazu neigen, die Menschen möglichst von »der Natur« fernzuhalten. Ich kann mir das nur mit einem schweren Mangel an Empathie und Wertschätzung für das Leben, für alles Leben, erklären. Schmurksi lebte und er erlebte ein Leben, das voller Reiz für ihn war. Das ließ sich seinem Verhalten entnehmen. Er lebte ein Leben, das der Länge nach der Lebenszeit anderer Siebenschläfer entsprach. Er litt nie Hunger, hatte viel Kontakt zu uns Menschen, die wir auf ihn eingingen, und war nicht bedroht von Feinden. Dennoch darf daraus nicht abgeleitet werden, dass es der bessere Ersatz für ein normales Siebenschläferleben sei, bei Menschen aufzuwachsen. Aus den Umständen heraus wurde diese Möglichkeit zur einzigen Alternative. Wie auch viele Jahre später für Maxi, das Eichhörnchenkind, das auf vergleichbare Weise in die Menschenwelt gekommen war.

Längst sind solche Rettungsversuche von Tierleben genehmigungspflichtig. Den Eichhörnchen, Siebenschläfern und anderen Tieren hilft dieser formale Schutz nicht. Er bringt sicher so manchem Jungtier den vorzeitigen Tod oder den verletzten erwachsenen Tieren die Missachtung ihrer Lage, weil man sich den Aufwand mit den Genehmigungen nicht antun will. Das einzig Wichtige solch gut gemeinter Schutzbestimmungen geht dabei ohnehin verloren: Jungtiere sollen und dürfen nicht aus dem Nest genommen werden, bloß um sie aufziehen zu können. Darum geht es im Artenschutz. Gibt es hingegen bei guter Haltung Nachwuchs, sollten keine naturschutzrechtlich-bürokratischen Hemmnisse so eine gute Haltung indirekt verhindern. Denn die Tierhalter haben es einfacher, mit der Problematik von Genehmigungen erst gar nicht konfrontiert zu werden. Dieses Vermeiden beeinträchtigt zwar die »artgerechte Haltung«, mindert aber die zu erwartenden Schwierigkeiten. Unser formeller Umgang mit Tieren ist höchst ambivalent. Und weit entfernt von einem ausgewogenen Verhältnis zwischen Schäden und Beeinträchtigungen, die vermieden oder unterbunden werden sollen, und empathisch-emotionaler Zuwendung, die das Leben des Tieres, jeden Tieres, als einen Eigenwert erkennt. Gegenwärtig entfremden die Schutzbestimmungen mehr, als sie den zu schützenden Tierarten nützen. So vertieft sich der Graben zwischen Mensch und Tier. Solche Feststellungen mag man als zutreffend oder auch als überzogen erachten. Worauf sie gründen, kann man nur selbst erleben und nicht aus Paragrafen oder Bestimmungen ableiten. Im Erlebten, im Mitgefühl steckt der Kern des Tierschutzes. Distanziert wie unbeteiligt kann auch die zoologisch-wissenschaftliche Betrachtung nicht sein – ansonsten verlöre sie das Menschliche.

Schmurksi machte mir den abgrundtiefen Kontrast klar zwischen seinem so munteren Leben als Individuum und dem erbärmlichen von Laborratten und Mäusen, die millionenfach standardisiert allen möglichen und gewiss sehr vielen unmöglichen und unnötigen Tests ausgesetzt werden. Man mag manchen privaten Tierhaltern vorwerfen, sie würden ihre Lieblinge vermenschlichen. Ist das schlimm angesichts der unmenschlichen Vorgehensweise, wenn Tiere als Ersatzobjekte für Menschen »getestet« werden? Ganz zu schweigen von der Massentierhaltung, die rein ökonomisch gerechtfertigt wird.

Eichhörnchen und Siebenschläfer – Herumtollen als Spiel

Schmurksi spielte viel. Vom verborgenen Leben der Siebenschläferkinder in freier Natur bekommen wir jedoch kaum jemals mit, ob auch sie häufig spielen. Eichhörnchen tun es. Vieles, das sie machen, wirkt irgendwie spielerisch. Täuschen wir uns da, weil ihre Bewegungen so schnell sind? Filmen wir Menschen, etwa auf einer Einkaufsstraße, und betrachten den Film in Zeitraffergeschwindigkeit, kommt ein übertrieben hektischer Eindruck der Bewegungen zustande. Eine bedächtig schreitende Schildkröte würde umgekehrt im Zeitraffer normal schnell wirken. Also könnte es sein, dass wir bei der Beurteilung spielerischer Aktivitäten zu sehr von unserem eigenen Maß für Geschwindigkeit ausgehen. Das trifft sicherlich vielfach zu, aber keineswegs immer und in jeder Situation. Das Herumtollen junger Hunde, die Bewegungsfreudigkeit von Kätzchen und die Bocksprünge, die ein Zicklein macht, gehen über das übliche Durchschnittsmaß der Bewegungen von Hund, Katze oder Ziege hinaus. Sie entspringen einem spielerischen Drang und keiner unmittelbaren Notwendigkeit. Wir wissen dies. Auch das ausgelassene und übermütige Spiel unserer Kinder ist uns vertraut. Spielerisches nimmt man nicht »ernst«; die spielenden Kinder tun das noch weniger als die Erwachsenen.

Spielte Schmurksi, wenn er wieder und wieder auf uns sprang, zu Boden kletterte, zum Tisch oder Fernseher hinüberhüpfte, um sogleich wieder auf uns zu springen? Ja natürlich, würde jeder feststellen, der dies miterlebte. Sehr viel war Spiel, ganz offensichtlich. Und als solches gewiss nicht lebensnotwendig. Spielte Schmurksi viel, weil es ihm gut ging? Diese Frage zu beantworten, wird vertrackter. Denn mit »gut gehen« ist mehr als die bloße Beobachtung des Verhaltens verbunden. »Gut« ist eine Wertung. Es stimmt selbstverständlich, dass Kätzchen oder Welpen, denen es sichtlich gut geht, mehr spielen als schwache und vernachlässigte. Bei Kindern, die ums Überleben ringen, bleibt nichts übrig fürs Spielen. Doch warum überhaupt solche Überlegungen? Die Erfahrung reicht doch, dass Kinder wie Jungtiere gern und viel spielen, so die Umstände dies zulassen. Damit könnte man sich zufriedengeben.

Der biologischen Betrachtung reicht so eine Erklärung aus verschiedenen Gründen nicht. Die zwei triftigsten: Spiele sind zunächst einmal riskant. Die spielenden Kleinen können auffallen und Feinden zum Opfer fallen. Wer noch nicht topfit ist, sollte sich zurückhalten, bis er den Herausforderungen des Lebens gewachsen ist. Zudem kosten die Spiele Energie. Sie sind also aufwendig und riskant. Ein anderer Aspekt ergibt sich bei Betrachtung der Vögel. Jungvögel spielen nicht. Allenfalls bewegen sie ihre Flügel übend, bevor sie zu fliegen anfangen. Eher sind es Altvögel, die spielerisches Verhalten ausführen. Wie zum Beispiel Krähen, die Saltos an Leitungsdrähten schlagen oder sich irgendwo festhalten und mit dem Kopf nach unten baumeln lassen. Nun sind aber die Vögel eine Parallele zu den Säugetieren und diesen in vielerlei Hinsicht vergleichbar oder in ihrer Leistungsfähigkeit überlegen.

Gewiss sind sie grundsätzlich ähnlichen Herausforderungen ausgesetzt wie die ihnen in der Körpergröße jeweils entsprechenden Säugetiere. Allenfalls im Flug vollführen Vögel Spielerisches, ganz zutreffend Flugspiele genannt. Doch da sind sie schon erwachsen. So ein eklatanter Unterschied lässt sich bei biologischer Betrachtung nicht einfach beiseiteschieben. Es muss triftige Gründe dafür geben, dass Jungvögel nicht, junge Säugetiere aber in unterschiedlichem Maße viel und Menschenkinder sehr viel spielen. Sehen wir Eichhörnchen und Siebenschläfern genauer zu, deutet sich eine Möglichkeit an, das Spiel zu verstehen. Die gängige Erklärung, es dient in spielerischer Weise der Vorbereitung auf das wirkliche Leben, reicht nicht, denn dann müssten gerade die Jungvögel viel intensiver spielen, ist doch das Fliegen gewiss nicht einfacher als die Fortbewegung am Boden. Der Volksmund drückt ganz zutreffend aus, worum es sich handelt, wenn festgestellt wird, dass da überschüssige Energien abgebaut werden. Die spielerische Übung von Aktivitäten, die später tatsächlich überlebenswichtig werden, ist eine Folge dieser Notwendigkeit und weniger, falls überhaupt, die eigentliche Ursache des Spielens. Das wird nachfolgend genauer erläutert.

Greifen wir zurück auf die Ausführungen zu den Bewegungsweisen der Eichhörnchen. Sie treffen gleichermaßen auch für die Siebenschläfer zu, allerdings mit der Einschränkung, dass diese im Herbst ziemlich schnell träge werden müssen, um bereit zu sein für den Winterschlaf. Schmurksi, der zwei Winter lang keinen Winterschlaf machte, war insofern eine Ausnahme. Danach fügte sich sein Verhalten aber in den normalen Ablauf – und seine Neigung zu spielerischen Bewegungen nahm stark ab. Eichhörnchen halten keinen

Winterschlaf. Wie ausgeführt, müssen sie auch und sogar gerade im Winterhalbjahr, wenn die Laubbäume kahl werden und ihren natürlichen Feinden bessere Einblicke und Angriffsmöglichkeiten bieten, besonders flink und fit sein. Winterliche Trägheit könnten sie sich nicht leisten. Sie bleiben also »munter« im Sinne der Eindrücke, die unsere Augen vermitteln. Aber die genaue Beobachtung zeigt, dass spielerisch-überflüssige Bewegungen nach und nach verschwinden. Und zwar in dem Maße, in dem die jungen Eichhörnchen heranwachsen. Genau wie beim Siebenschläfer und bei allen anderen Jungtieren – außer bei den domestizierten wie Hund und Katze. Bei ihnen bleibt die Neigung zum Spielen lange, mitunter fast lebenslang erhalten. Das Spielen sollte somit einen Zusammenhang mit der Kindheits- und Jugendentwicklung haben. Aber welchen? Und warum tritt es nur bei Säugetieren auf, die Menschenkinder mit eingeschlossen, da wir zu den Säugetieren gehören, nicht aber bei den Jungvögeln? Um das Ergebnis vorwegzunehmen: Mit letzter Sicherheit kennen wir den Grund noch nicht. Aber wichtige Teile sind erforscht. Und sie haben auch für uns Menschen Bedeutung.

Der Reihe nach. Säugetiere werden nach der Geburt mehr oder weniger lang mit Muttermilch ernährt. Diese ist keineswegs bei allen Säugetieren gleich. Manche, wie die Mütter von Meeressäugetieren, den Robben, Delfinen und Walen, haben einen sehr hohen Fettgehalt in der Milch. Andere hingegen einen niedrigen und mehr Milchzucker. Menschliche Muttermilch enthält sehr viel Milchzucker. Sie schmeckt daher richtig süß, nicht fettig. Für das Wachstum der mit Milch ernährten Kleinen ist jedoch hauptsächlich der Eiweißgehalt entscheidend. Hoher Fettgehalt bedeutet einen hohen »Heizungswert«. Fett wird im Stoffwechsel verbrannt. Dabei entsteht Wärme. Zucker dient mehr der Bewegung. Die Kombination viel Eiweiß und hoher Fettgehalt ermöglicht schnelles Wachstum mit guter Eigenerzeugung von Körperwärme, also geringe Abhängigkeit von der Mutter. Diese muss nur von Zeit zu Zeit, nämlich wenn Nachschub benötigt wird, zum Säugen kommen. Hoher Milchzuckergehalt mit wenig Eiweiß ergibt langsames Wachstum, verbunden mit viel Eigenbewegung, die auch Wärme erzeugt. Wie beim Menschen. Nun sind aber die nachgeburtlichen Notwendigkeiten unterschiedlich, je nachdem, wie alt der Nachwuchs geworden ist. Anfänglich dominiert das Wachstum. Und immer wieder gibt es Schübe besonders starken Wachstums. In diesen bleibt mehr an Energie liefernder Substanz aus der Muttermilch übrig als die notwendigen Bewegungen der Jungtiere benötigen. Doch da sie weiter wachsen müssen, müssen sie den Überschuss in geeigneter Weise »abarbeiten«. Das geschieht mit Spielen. Früh, das heißt in ziemlich unfertigem Zustand geborene Jungtiere wachsen zwangsläufig nachgeburtlich schneller und stärker als weitgehend fertig, zu selbstständigem Leben befähigt geborene. Wir unterscheiden daher zwischen den unfertigen Lagerjungen und den fertigen Laufjungen. Zu Letzteren gehören Fohlen und Kälbchen, zu Ersteren Kätzchen, Hundewelpen und Menschenbabys. Und auch die Babys von Eichhörnchen und Siebenschläfern. Sie müssen keineswegs das Laufen spielerisch lernen, denn die Laufjungen, die im Mutterleib keinerlei Möglichkeit zur entsprechenden Vorübung hatten, schaffen dies auch so und durchaus sehr erfolgreich. Bei ihrer Entwicklung im Mutterleib erhielten sie über den mütterlichen Blutstrom genau die Stoffe, die sie brauchten, und keine überflüssigen wie beim Trinken von

Milch nach der Geburt. Ähnlich verhält es sich bei den Jungvögeln. Ihnen wird nach dem Schlüpfen aus dem Ei gefüttert, was sie brauchen. Allem voran ist das eiweißhaltige Nahrung, keine zuckersüßen Beeren. Mit diesen könnten sie noch nichts anfangen, höchstens Durchfall bekommen. Ihr Stoffwechsel läuft schneller als der der Säugetiere, denn auch ihre Körpertemperatur liegt höher. Bei Kleinvögeln erreicht sie mit 42 Grad Celsius, wie schon betont, fast die tödliche Grenze.

Und der Mensch? Wir kommen ganz normal geboren als extreme Frühgeburt zur Welt, nämlich rund neun Monate vor der angemessenen Zeit. Das liegt an unserem großen Gehirn. Die Geburtsöffnung stellt den entscheidenden Engpass für die Größe des Kopfes der Menschenbabys dar. Unsere nachgeburtliche Entwicklung dauert infolgedessen und auch weil unsere Muttermilch von Natur aus einen niedrigen Eiweißgehalt hat viel länger als bei jedem anderen Säugetier. Bei einem großen Hund geht das Leben, das er im Durchschnitt erwarten kann, schon zu Ende, wenn das Menschenkind gerade so weit ausgereift ist, selbst Kinder bekommen zu können. Pferde kommen in die guten Jahre, wenn das Kleinkind schulpflichtig wird. Und mit achtzig oder mehr Jahren, die wir als durchschnittliche Lebensdauer erwarten können, gleichen wir Elefanten oder übertreffen sie. Der Gewinn dieser langsamen nachgeburtlichen Entwicklung ist eine beispiellose Lernfähigkeit, die sich über zwei volle Jahrzehnte erstreckt und danach zwar langsam abnimmt, aber bis ins hohe Alter nicht ganz verschwindet. Ein Wesensmerkmal unseres Menschseins steckt darin. Und auch ein Kernstück unseres Erfolges als Lebewesen.

Damit sind wir weit abgedriftet von Eichhörnchen und

Siebenschläfer. Aber nicht zu weit. Denn ihr Leben führt uns in kleinen Schritten in ähnlicher Weise vor Augen, was auf dem langen Weg zum Menschen geschehen ist. Ich hatte den Unterschied zu den Ratten hervorgehoben (siehe Seite 84). Sie haben bereits mehrfach Junge, bis die Eichhörnchen erwachsen sind. Auch Ratten spielen, aber weit weniger als Eichhörnchen oder Siebenschläfer. Ihr Leben ist zusammengedrängt auf kürzere Zeitspannen mit rascher Fortpflanzung und weitaus geringeren Möglichkeiten, die für das nachgeburtliche Lernen zur Verfügung stehen. Unter den Nagetieren haben in dieser Hinsicht die Biber am meisten Zeit. Was sie mit ihren Bauwerken, Burgen und Dämmen bewerkstelligen, beeindruckt. Biberdämme können jahrzehntelang halten und über Generationen von Bibern bestehen bleiben. Biber gestalten die Landschaften, in denen sie leben. Solche Vergleiche werfen immer wieder bezeichnende Schlaglichter auf uns Menschen. Ganz aktuelle sogar. Seit die Kinder nicht mehr richtig spielen, laufen sie Gefahr, viel zu dick zu werden. Computerspiele sind kein Ersatz fürs wirkliche Spiel. Im Gegenteil. Sie fesseln das Interesse und damit den Körper, der die Bewegung, intensivste Bewegung, dringend nötig hätte. Kinder sollten auf Bäume klettern können, auch auf das Risiko hin, herunterzufallen und sich einen Knochen zu brechen. Der wächst wieder zusammen. Ungleich schwieriger ist es, das Übergewicht zu bekämpfen. Da fehlt uns immer noch der entscheidende Schlüssel zur Möglichkeit, massiv dick zu werden und dann ohne größere Schwierigkeiten wieder auf Normalgewicht abzunehmen. Die Siebenschläfer können das mit ihrem Winterschlaf.

Winterschlaf – ja oder nein?

Den Winter mit seiner Kälte einfach zu verschlafen, ohne etwas von seinen Unbilden zu bemerken, mag für manche Menschen eine traumhafte Vorstellung sein. Die »echten Winterschläfer« haben sie verwirklicht. Es sind dies allen voran die bei uns vorkommenden Fledermäuse, der Igel, die deshalb auch Schlafmäuse genannten Bilche, also die Siebenschläferverwandtschaft, sowie Feldhamster, Murmeltiere und Ziesel. Tiere, die mit viel Schlaf eine Winterruhe halten, wie der Dachs, gehören nicht oder nur bedingt dazu. Denn bei ihnen sinkt der Stoffwechsel nur auf ein niedrigeres, weniger Energie verbrauchendes Niveau ab. Sie bleiben »warm« und können ziemlich schnell wieder aufwachen, etwa wenn sie in ihrem Schlaf gestört werden. Bei den echten Winterschläfern ist das anders. Sie schlafen, genau genommen, gar nicht. Ihre Körpertemperatur geht zurück auf um die fünf Grad Celsius über Null, sodass sie sich kalt wie tot anfühlen. Das ist kein Schlaf, sondern ein Zustand, der Torpor genannt wird. In diesem können sie sich nicht bewegen. Ihr Herz schlägt sehr langsam, mitunter kaum merklich. Entsprechend gering ist der weiterlaufende Umsatz an Energie. Doch tatsächlich wird dieser so geregelt, dass der starr gewordene Körper nicht gefriert. Allein diese Regelung ist erstaunlich genug, weil sie bei Temperaturen stattfindet, bei denen die allermeisten Körperfunktionen nicht mehr ablaufen. Sehr ausführlich hat das Lisa Warnecke in ihrem Buch *Das Geheimnis der Winterschläfer* dargelegt. Die Winterschläfer befinden sich gleichsam im Kühlschrankmodus. Bei den Murmeltieren trifft dieser Vergleich besonders gut zu, denn sie halten ihre Körpertemperatur bei etwa sieben Grad Celsius. Sie liegt damit über dreißig Grad niedriger als normal (39 °C). Beim Igel und bei den Siebenschläfern geht sie noch weiter zurück; im Extremfall bis auf nur noch wenige Grad über Null. Tiefer sinkend würden sie erfrieren. Der »Thermostat«, der dies normalerweise verhindert, arbeitet mit winzigen Bestandteilen der Zellen eines besonderen Gewebes, genannt Braunes Fettgewebe. Es ist vollgepackt mit Mitochondrien. Diese Miniorgane gibt es zwar in allen Körperzellen, aber im Braunen Fettgewebe sind sie besonders dicht gepackt. Mitochondrien sind die Wärme erzeugenden Kleinkraftwerke der Zellen. Ursprünglich, in ganz ferner Frühzeit des Lebens, waren sie frei lebende Bakterien. Sie gingen mit anderen Mikroben eine Gemeinschaft ein, eine Symbiose. Dieser ist es zu verdanken, dass Leistungen zustande kommen, die viel Energie benötigen. Im Braunen Fettgewebe arbeiten die Mitochondrien weitgehend autonom und unabhängig vom normalen Stoffwechsel der Zellen. In diesen besonderen Fettzellen stecken sie gleichsam direkt im Brennstoff, den sie unter Freisetzung von Wärme zu Wasser und Kohlendioxid langsam, aber beständig aufbrauchen. Die Mitochondrien können dies bei so niedrigen Temperaturen wenig über dem Gefrierpunkt. Bezogen auf seine Wirkung könnte man den Vorgang als Standheizung bezeichnen. Die Wärme, die dabei entsteht und die mit dem Blut bei sehr langsamen Herzschlägen im Körper verteilt wird, reicht aus zu verhindern, dass das Wasser in den Zellen des Körpers gefriert. Käme es dazu, würden sich feine Eisnadeln bilden und die Innenstruktur der Zellen zerstören.

Dies in gedrängter Kürze zu Wärmeerzeugung und Torpor im Winterschlaf. So außergewöhnlich die Vorgänge auch wirken mögen, sie sind uns eigentlich allen vertraut. Nur bemerkten wir sie nicht, weil wir zu klein dafür waren. Als Neugeborene haben wir nämlich auch Braunes Fettgewebe, das verhindert, dass das nackt geborene Baby in der kalten Welt außerhalb des 37 °C warmen Körpers der Mutter erfriert. Ein noch so inniges An-die-Brust-Drücken könnte das rasche Auskühlen nicht verhindern. Der für manche Menschen vielleicht reizvolle Traum vom Winterschlaf ist also gar nicht so abwegig. Gleichwohl würde er an den Gegebenheiten des ausgewachsenen menschlichen Körpers scheitern. Auch Babys dürfen nicht zu lange auskühlen. Das würde ihre innere Heizung überfordern. Sie schützt auch nur solange sie klein sind. Die durch Großschreibung vorgenommene Betonung Braunes Fettgewebe drückt aus, dass es nicht einfach um Fett geht, das im Körper als Brennstoff gespeichert ist, sondern um die Mitochondrien, die es kontrolliert verbrennen und damit das Leben erhaltende Wärme erzeugen. Dabei werden die Fettvorräte kontinuierlich abgebaut. Die (echten) Winterschläfer sehen dann nach dem Aktivwerden im nächsten Frühjahr richtig rank und schlank aus.

Blenden wir nochmals kurz zurück auf die Mitochondrien und ihr Verheizen von Fett. Wie schon festgestellt, entstehen dabei Wasser und Kohlendioxid. Das Wasser verhindert, dass der Körper austrocknet. Das Kohlendioxid wird mit den langsamen, aber regelmäßigen Atemzügen ausgeatmet. Also sammeln sich beim Winterschlaf keine Stoffe an, die über den Darm ausgeschieden werden müssen. Fast keine, um genau zu sein, denn in sehr geringem Maße laufen im Darm doch Verdauungsvorgänge ab und auch etwas Harn sammelt sich an. Da die Winterschläfer von Zeit zu Zeit erwachen, entleeren sie sich. Wahrscheinlich ist diese Notwendigkeit der Grund für die Unterbrechung des Torpors. Beim Siebenschläfer geschieht dies in Abständen von drei bis vier Wochen ganz unauffällig. Wurde Schmurksi im April vollends munter, fand ich nur wenige trockene Krümel in seinem Schlafnest. Die Harntröpfchen, die er vielleicht abgegeben hatte, blieben unbemerkt. Diese sehr geringe Belastung mit den Ausscheidungen bringt es mit sich, dass Aufwachen und Wiedereinschlafen während des Winterschlafes nicht allzu viel Energie kosten – normalerweise. Kommt es jedoch zu stärkeren Störungen, können die Verluste an Fettvorräten so groß werden, dass der Winterschlaf nicht mehr vollendet werden kann. Die Tiere wachen zu früh auf, geraten in noch winterliche Außenbedingungen ohne ausreichende Nahrung und gehen an Mangel an Reserven zugrunde. Für echte Winterschläfer ist ein hinreichend sicherer Ort daher lebensentscheidend; einer, der kalt genug ist, aber nicht zu kalt wird, und der vor Feinden schützt. Eine tiefe, enge Baumhöhle zum Beispiel passt für Siebenschläfer. Oder eine entsprechend tiefe Erdhöhle, die sich Hamster und Ziesel selbst graben. Generell eignet sich der Boden für den Winterschlaf am besten, sofern er nicht zu trocken und auch nicht zu nass ist, weil seine Temperatur den ganzen Winter über nahezu unverändert niedrig bleibt. Die Igel schaffen sich Ersatz, indem sie einen entsprechend großen Laubhaufen aufsuchen und darin, isoliert durch die zwischen den Blättern eingeschlossenen Luftschichten, in den Torpor des Winterschlafs sinken.

Siebenschläfer sind ihrer Natur nach Baumbewohner. Sie müssen geeignete Baum- oder Bodenhöhlen finden, die all die Bedingungen für einen erfolgreichen Winterschlaf erfüllen. Auch diese Notwendigkeit begrenzt ihre Vorkommen weitgehend auf Laubwälder, denn in Nadelbäumen entstehen kaum geeignete Höhlen. Aber Bauwerke der Menschen bieten oft günstigen Ersatz in Form von Schuppen, Heustadeln und Dachböden in unmittelbarer Nähe von Bäumen und Laubwäldern. Gern nehmen die Siebenschläfer Nistkästen an, deren Größe für sie passt und die sie mit isolierendem Material ausstatten können. Dann verbringen sie die sechs bis sieben Monate der ungünstigen Jahreszeit in der Starre des echten Winterschlafs. Haselmaus, Garten- und Baumschläfer tun dies auch. Warum dann nicht die Eichhörnchen? Wieder könnten wir uns mit dem »so ist es eben« begnügen und hinzufügen, dass Eichhörnchen als echte Hörnchen (Familie Sciuridae) einer anderen Verwandtschaft der Nagetiere angehören als die Siebenschläfer (Familie Gliridae). Das ist richtig, jedoch unzureichend. Denn auch die ähnlichen Ziesel fallen in echten Winterschlaf, obwohl sie keine Schlafmäuse sind.

Schmurksi ließ sehr klar erkennen, worum es geht. Er machte in den ersten beiden Wintern keinen Winterschlaf, weil er die dafür nötige Körpermasse im Spätsommer und Herbst nicht erreicht hatte. Als Spätling war er im ersten Winter hoffnungslos zu klein. Er stammte aus einem sehr späten Wurf, der auch unter optimaler Versorgung durch die Mutter keine Chance zum Überleben gehabt hätte. Erst im September öffnete er die Augen, so klein war er noch. Im Oktober wäre es jedoch bereits an der Zeit für den Winterschlaf gewesen. Die dafür nötige Kondition erreichte er im zweiten

Winter immer noch nicht. Da wog er um die 100 Gramm. Das wäre zu wenig Fett gewesen für die Normaldauer des Winterschlafs. Als er dann vor Beginn des dritten Winters 180 Gramm hatte, passte das Gewicht mit den Fettvorräten. Sein Winterschlaf verlief glatt und normal. Wie auch in den folgenden Wintern. Für Schmurksi bedeutete dies stets fast eine Verdopplung des Körpergewichts vom Sommer auf den Herbst. Es war ihm anzusehen, dass er sich mit dem Dickerwerden langsamer und »bedächtiger« bewegte. Seine Sprünge halbierten sich in der Reichweite. Für frei lebende Siebenschläfer ist dies mit abnehmender Tageslänge und zunehmend besserer Verfügbarkeit von Nahrung in Form von Nüssen und Früchten kein Problem. Die Dämmerung wird länger. Sie ist, zusammen mit den ersten Nachtstunden, die Hauptzeit der Siebenschläfer. Genau umgekehrt verhält es sich bei den Eichhörnchen. Mit dem Kürzerwerden der Tage nimmt die Zeitspanne ab, in der sie Nahrung suchen können, und mit Beginn des Laubfalls werden für ihre Feinde die Bäume besser durchblickbar, auf denen sie umherklettern. Eichhörnchen sind Tagtiere. Mit Nahen der Dunkelheit müssen sie sich in ihr Nest zurückziehen. Was den Eichhörnchen im Herbst immer knapper wird, gewinnen die Siebenschläfer hinzu: Zeit zur Suche nach ergiebiger Nahrung. Die Eichhörnchen verstecken so viel, wie sie nur können, als Wintervorrat. Die Siebenschläfer speichern so viel wie möglich in Form von Fett im Körper. So weichen die Lebensweisen beider auseinander. Beim Siebenschläfer kommt es zum Torpor-Winterschlaf, beim Eichhörnchen zu einer vielfach unterbrochenen Zeit langer Schlafperioden ohne allzu starke Herabsenkung des Stoffwechsels. Beide Alternativen haben ihre Vor- und Nachteile. Die Eichhörnchen sind flexibler. Sie können ein weit größeres Areal zum Leben nutzen als die von den Einschränkungen des Winterschlafes abhängigen und dementsprechend beträchtlich selteneren Siebenschläfer. Je nach örtlichen Verhältnissen bietet die eine oder die andere Strategie Vor- oder Nachteile. Die absolut beste Lösung gibt es nicht. Zum Glück, möchte man als Naturfreund hinzufügen, denn mit nur besten Lösungen würde die Natur sehr eintönig geworden sein. Die Unvollkommenheit ist es, die Vielfalt möglich macht und aufrechterhält. Und so haben wir Eichhörnchen am Tag und Siebenschläfer in der Nacht und viele andere Nage- und sonstige Tiere. Weil dank der nicht perfekten Anpassung stets Möglichkeiten für die Entstehung von Vielfalt offenbleiben.

»Der Teufel ist ein Eichhörnle«

Im Schwabenland heißt es, der Teufel sei ein Eichhörnle. Die »Hörnle« zeigen dies. Und das hinterlistig zuckende Locken mit dem Schwanz auch. Sollten wir also besser dem kindlich-rundlichen Köpfchen mit den Knopfäuglein und den frech aufgerichteten Ohren misstrauen? Klettert das Hörnchen doch ungeniert die Hauswand hoch und schaut zum Fensterle hinein. Stalking auf Hörnchenart. Im Mittelalter wurde vor Tieren gewarnt, die auf den Menschen zukamen und keinen respektvollen Abstand hielten von der Krone der Schöpfung. Da musste ein Teufel drinstecken; ein Teufelchen zumindest. Vielleicht war das gar nicht so falsch, wie wir aus den neuen Befunden zum Vorkommen von Lepra-Erregern in britischen Eichhörnchen schließen könnten. Solange das Hörnchen nur distanziert hüpfend seinen Schabernack trieb, mochte es belustigen. Reckte es aber auf dem Dach der Scheune zuckend den Schwanz in die Höhe, drohte von diesem kleinen roten Teufel eine Feuersbrunst, so die Befürchtung. Der Hofhund stellte solche Assoziationen zwar nicht her, verbellte es dennoch heftig. Das Hörnchen ignorierte ihn, wie vor Jahren ein Münchner Eichhörnchen auch meinen Hund ignorierte, weil es, in sicherer Höhe auf einem Baum sitzend, seine Unfähigkeit zum Klettern richtig einschätzte. Wie clever Hörnchen sind, musste Pluto erfahren, wenn ihn Ahörnchen und Behörnchen austricksten, die beiden Hörnchen aus der Walt-Disney-Produktion. Ähnlich wie Bambi für die Rehe prägten diese beiden Amerikaner unsere Vorstellungen vom Leben der Eichhörnchen. Aus dem Teufelchen und Forstschädling, der junge Triebe an Bäumen verbeißt, wurde mit der Zeit ein Lieblingstier von Kindern und auch von vielen Erwachsenen. Und ein Prüfstein für die Beherrschung des bayerischen Dialekts. Gilt doch die Fähigkeit, »Oachkatzlschwoaf« richtig aussprechen zu können, als Nachweis für geglückte sprachliche Eingliederung in die Bayerische Leitkultur.

»Eichhörnchen sind denkbar ungeeignete Haustiere«, stellen Stefan Bosch und Peter Lurz in ihrer Eichhörnchenmonografie klar. Zudem stehen sie unter Artenschutz, können also nur mit entsprechender Ausnahmegenehmigung gehalten werden. Eine solche brauchte der Verhaltensforscher Irenäus Eibl-Eibesfeldt noch nicht, als er vor über einem halben Jahrhundert Eichhörnchen großzog. Gegenwärtig würde so ein Jungforscher wohl keine Genehmigung mehr erhalten, weiß man doch erst viele Jahre später, was für ein bedeutender Wissenschaftler (vielleicht) aus ihm geworden ist. Immer wieder sind dennoch junge Eichhörnchen in Käfigen oder in der Wohnung gehalten worden. Doch die Erfahrungen, die damit gemacht wurden, galten als unwissenschaftlich, weil Laien das Erlebte allzu bereitwillig vermenschlichen. An dieser abwertenden Haltung seitens vieler Wissenschaftler hat sich bis heute wenig geändert. Nur wer die fachliche Approbation erhalten hat, gilt als zuverlässig, wenn es um Berichte über das Verhalten von Tieren geht, und diese sollten möglichst auch noch aus Forschungsinstitutionen stammen und experimentell zustande gekommen sein. Doch Tiere sind keine Schablonen ihrer selbst, sondern Individuen mit durchaus unterschiedlichen Eigenschaften. Nicht jedes spontan gezeigte Verhalten lässt sich einfach im Experiment wiederholen. Real ist es trotzdem. Maxi und Schmurksi waren nicht allein deshalb besonders, weil sie von den Menschen, bei denen sie lebten, Namen bekommen hatten. Als Eichhörnchen und Siebenschläfer waren sie Individuen mit speziellen Eigenheiten, wie die vielen Eichhörnchen und Siebenschläfer, die zusammen mit Menschen lebten. Und da die Menschen unterschiedlich waren, waren es auch diese Tierchen. In früheren Zeiten machte man sich darüber keine großen Gedanken. Man erzählte Geschichten vom Erlebten. Manche wurden aufgeschrieben und ausgeschmückt. Denn es ging darin oft auch um die Moral von der Geschicht'. Die Tiere wurden den Menschen als Spiegel vorgehalten, in dem sie sich selbst erkennen und Lehren daraus ziehen sollten.

Dass das Eichhörnchen so possierlich ist, missfiel insbesondere den Sittenwächtern des ausgehenden Mittelalters und der frühen Neuzeit. Klingt in possierlich doch ›poussieren‹ an, was intensiveres Flirten oder ein sich anbahnendes Liebesverhältnis meint. Gesittetes Verhalten hatte sich in allen Lebensbereichen zu äußern. Gemessenen Schrittes mit gesenktem Blick bewegte sich die werdende Dame in der Öffentlichkeit. Neugierig und keck zu sein, galt als Risiko, vom Bösen erfasst zu werden. Am Vorbild solcher Tiere sollte man sich orientieren, wie an der Treue des Hundes und am Fleiß der Bienen. Die Katze hingegen war nicht verlässlich. Sie streunte nächtens umher, verhielt sich lüstern und notorisch unzuverlässig. Ihr Schnurren machte mehr vor als es hielt. Im Eich»kätzchen« übersteigerte sich das Katzenverhalten zur Keckheit. Bei einem derartigen Tier schien höchste Vorsicht geboten. Versteckte das Eichhörnchen Hasel- oder Walnüsse, ließ es sich ziemlich ungeniert zusehen, denn anders als Krähen plündern Menschen solche Depots nicht. Auf diese seit den finsteren Zeiten des späten Mittelalters und der frühen Neuzeit noch viel stärker verteufelten schwarzen Vögel brauchten die Eichhörnchen früher nicht sonderlich zu achten, weil die Krähen die Nähe der Menschen mieden. In neuerer Zeit hat sich das geändert, insbesondere seit die Rabenvögel wenigstens in den Städten nicht mehr gejagt werden. Jetzt schauen diese genau zu, wo Eichhörnchen Nüsse verstecken, und holen sich bei passender Gelegenheit deren Wintervorrat.

Eichhörnchen tun also gut daran, vorsichtig zu bleiben, auch wenn sie in den Städten gegenwärtig so beliebt sind, wie wohl kaum einmal in früheren Zeiten. Waren diese schlecht, was sie tatsächlich meistens waren, galt schon der Mundraub einer Nuss durch ein Hörnchen als strafwürdige Handlung. Für schädlich hielten die Menschen einfach alles, was nicht nützlich war. Außer in Zeiten des Überflusses. So war das Eichhörnchen nach *Grzimeks Tierleben* bei den Damen im Alten Rom ein beliebtes Spieltier. Es wurde in Mosaiken abgebildet und gelegentlich auch verstorbenen Kindern mit ins Grab gegeben. Dass Eichhörnchen mit ihrem Sammelverhalten die kommende Winterwitterung voraussagen würden, gehörte in der Römerzeit zur Gewissheit, erfreute sich doch die Deutung der Tiere für den Blick in die Zukunft größter Beliebtheit. Fast so wie die heutigen Horoskope. Doch offenbar war in der Antike das Eichhörnchen ein so gewöhnliches Tier, dass es nicht eingebaut wurde in die Mythologien und keine Bedeutung als Symbol erlangte. Anders in der Vorstellungswelt der Germanen. Da kletterte es an der Weltenesche Yggdrasil und trug mit Ratatöskr einen besonderen Namen. Bei Frühlingsfesten und zur Wintersonnenwende wurde es geopfert. Eine Wertschätzung, welche die Eichhörnchen selbst verständlicherweise distanziert hielt. Kinder hat es sicher zu allen Zeiten begeistert. Gegenwärtig gehört es zu den bekanntesten Wildtieren; sicher auch, weil es sogar in der Großstadt leben kann. Mit Feuersbrunst und Hexenwahn wird es heutzutage nicht mehr in Verbindung gebracht. Vorurteile, wie die Verteufelung als Nesträuber, sind dennoch in manchen Kreisen verankert geblieben, gleichgültig wie gering ihr Anteil im Vergleich etwa zu den frei laufenden Hauskatzen auch ausfallen mag. Uneingeschränkte Sympathie wird bekanntlich niemandem zuteil. Auch nicht dem herzigen Eichhörnchen.

Nachwort und Dank

Eichhörnchen zuzusehen ist ein Genuss. Ihr Charme macht sie unwiderstehlich. Aber meistens können wir die munteren Kletterer nur in der Stadt aus nächster Nähe erleben. Von ihrer »Nachtausgabe«, den Siebenschläfern, bekommen wir kaum etwas mit. Fast alle kleineren Säugetiere führen ein Leben im Schutz der Dunkelheit. Dafür haben sie gute Gründe. Sie müssen beständig auf der Hut sein. Vor ihren Feinden, die ihnen von Natur aus nachstellen, und vor dem Menschen. Kleinsäuger zu beobachten fällt daher ungleich schwerer als Vögel beobachten. Mit Fernglas und Fernrohr sind die Ornithologen unterwegs. Es werden immer mehr, die dieses Hobby mit hoher Intensität und großer Fachkenntnis betreiben. Der Fachausdruck Ornithologie ist längst auch umgangssprachlich ein Begriff. Wie aber nennen sich jene, die Säugetiere beobachten? Handelt es sich um größere, »jagdbare« Tiere, sind es Jäger und Wildbiologen. Wer würde sich jedoch »Mäusebeobachter« oder, weniger despektierlich, »Kleinsäugerbeobachter« nennen wollen? Mammalogie, die Säugetierkunde, ist keine allgemein verständliche Bezeichnung. Die Säugetiere werden aufgeteilt in »das Wild«, das wir lediglich aus der Distanz erleben, weil es zu scheu ist und es die Jäger für sich in Anspruch nehmen, und das Kleinzeug mit Ratte, Maus & Co., das vielfach bekämpft wird, um es kurz zu halten. Die Eichhörnchen liegen zwischen diesen Fronten. Vor wenigen Jahrzehnten wurden sie allerdings bei uns noch ziemlich intensiv bekämpft, abgeschossen und ihr Fell zu Pelzen (Feh) verarbeitet. Manche Vogelschützer blicken nach wie vor skeptisch auf die Hörnchen und halten sie für Feinde der schutzbedürftigen Kleinvögel.

Mit diesem Buch möchte ich dazu anregen, die Eichhörnchen nicht nur als lustiges Beiwerk zu einem Spaziergang im Stadtpark zu betrachten. Was wir an ihnen sehen, sind Facetten ihres Lebens, über die nachzudenken lohnt. Daher durchzieht als Leitlinie das Buch die Frage: Warum verhalten sich die Eichhörnchen so, wie sie das tun? Mit diesem »Warum« begeben wir uns zurück auf das ursprünglich kindliche Fragen, das verstehen möchte. Damit und nicht allein mit der bloßen Feststellung, dass es sich so verhält, werden wir teilnehmende Beobachter. Selbst wenn wir mit unseren Interpretationen falsch liegen sollten, weil wir zu sehr vermenschlichen, führt das weiter als die streng wissenschaftlich neutrale und distanziert forschende Betrachtung, so notwendig diese auch ist. Denn was bei dieser allzu leicht verloren geht, ist das Erlebnis, das Empathie schafft. Tiere sind Lebewesen mit individuellen Eigenschaften, keine Objekte, zu denen sachliche Distanz zu halten ist. Die gegenwärtigen Gesetze und Verordnungen im Natur- und Artenschutz verstärken jedoch diese Entfremdung von der Tier- und Pflanzenwelt, anstatt sie zu überwinden, um für möglichst viele Menschen den Schutz der Natur und der Arten zu einem Bedürfnis zu machen. Gewiss, manche sehr scheu und störungsempfindlich gewordene Arten haben es nötig, dass Menschen hinreichend fern von ihnen gehalten werden. Aber längst nicht alle. Eichhörnchen, Siebenschläfer und andere Kleinsäuger gehören zu den sehr lernfähigen Tieren. Sie sind von sich aus in die Menschenwelt gekommen. Sie können darin sehr gut leben. Und sie verbinden uns mit jenen zurückgezogen lebenden Arten, denen wir den Freiraum zubilligen sollten, den sie brauchen, auf dass schließlich auch sie zu uns kommen und sich ohne Scheu beobachten lassen. Der Fischotter zum Beispiel, der an Stadtgewässern ähnlich vertraut werden könnte, wie das von Fischen lebende Vögel, wie Reiher und Gänsesäger, bereits sind. Oder wie der Fuchs, der sich auch am Tag zeigt, wo man ihn nicht sofort verfolgt, und dabei eine reizende Alternative zu den Katzen abgibt, die im Freilauf weit mehr geschützte Kleinvögel fangen, als Füchse dies tun.

Die Stadt ist das große Testfeld für viele Arten, die versuchen, mit der Menschenwelt zurechtzukommen. Die Chancen, dass ihnen dies gelingt, stehen gut; jedenfalls besser als draußen in der sogenannten freien, jedoch für sie so gefährlichen Natur. Deshalb möchte ich mit diesem Buch auch dafür werben, die Tiere in der Stadt nicht gering zu schätzen. Sie sind keine Natur zweiter Klasse. Das Eichhörnchen drückt dies am besten aus. Es ist ein Sympathieträger, für den nicht geworben werden muss. Viel schwerer haben es Waschbär und auch der Fuchs. Ersterer, weil er in Verkennung der immensen, unumkehrbaren Veränderungen in unserer Welt als Fremdling verurteilt wird, der »nicht hierhergehört«. Der Fuchs aber, weil auf ihm nach wie vor das von den Jägern aufgebaute negative Image lastet. Doch beide Tiere bereichern die Stadtnatur und steigern die Lebensqualität für die Menschen. Verdrängt oder vernichtet haben sie keine anderen Arten. Darüber nachzudenken, dass unsere Welt eine andere ist als die vor hundert oder zweihundert Jahren und dass die damaligen Verhältnisse nicht als alleinige Basis für die Bewertung der neuen Zustände herangezogen werden sollte, ist ein weiteres Anliegen, das ich mit diesem Buch verbinde. Wir leben mit immensen Veränderungen. Größtenteils sind sie von uns Menschen verursacht und gewollt. So zu tun, als ob sich die Tier- und Pflanzenwelt nicht verändern dürfte, ist wirklichkeitsfremd. Wir sollten auch nicht länger die Tatsache ignorieren, dass die scheuen Arten durch Verfolgung scheu gemacht worden sind. Es nützt ihnen nichts, wenn sie ausgerechnet vor all den Menschen formal geschützt werden, die ihnen ohnehin nichts tun.

Überwunden werden müsste zudem die tiefe Kluft, die zwischen dem Artenschutz und dem Tierschutz entstanden ist. Für Erhaltung und Gedeihen eines Bestandes mag das einzelne Individuum wenig oder nichts zählen. Dennoch ist das Leben jedes Tieres erhaltenswert. Der Artenschutz steht nicht über dem Tierschutz. Beide gehören zusammen auf die gleiche Ebene. Beide benötigen weit mehr die Empathie der Menschen als Schutzgesetze und Verordnungen. Diese können der Vielfalt des Lebens und der Lebensumstände ohnehin nie und nimmer umfassend gerecht werden. Bei vernünftigem, verantwortungsvollem Umgang mit Tieren gehen Arten- und Individualschutz (= Tierschutz) ganz von selbst ineinander über. Hingegen kehrt sich die gut gemeinte Reglementierung allzu schnell in ihr Gegenteil um, wenn alles genehmigungspflichtig gemacht wird. Das entfremdet von der Natur, anstatt ihren Schutz zu bewirken. Emotional tief gehende Erlebnisse gehen verloren. Wie sehr solche wirken, hielt Friedrich Hebbel 1861 nach dem Tod seines zahmen Eichhörnchens in seinem Tagebuch fest: »Der gestrige Abend war ein sehr trauriger für uns Alle; unser Liebling Herzi, Lampi, Schatzi ist verschieden, kaum drei Jahre und einige Monate alt ... Wieder etwas vorüber, und diesmal etwas Himmel-Schönes, das so nicht wiederkehrt! … ich liebe das Individuum, und das Thier war so einzig, daß es Jedermann wie ein Wunder vorkam, und mir wie eine Offenbarung der Natur.« (Zitat aus Rainer Wieland, *Buch der Tagebücher*, München 2010)

Schmurksi war auch mir so eine Offenbarung. Er gehörte in unser Leben wie wir in seines. Ein halbes Jahrhundert später trugen die Erinnerungen an ihn dazu bei, dass dieses Buch entstand.

Den unmittelbaren Anstoß gab mein Agent Dr. Martin Brinkmann. Angeregt durch meinen Essay »Eichhörnchensaga«, vermittelte er den Kontakt zum Carl Hanser Verlag, der »das Eichhörnchen« sogleich als Buchprojekt aufnahm und aktiv mitgestaltete. Mich als Stellvertreter für so manches Eichhörnchen fühlend, das nun vielleicht, hoffentlich, davon profitiert, danke ich Martin Brinkmann und Martina Arendt und Christine Reisach, den beiden Redakteurinnen dieses Buchs. Sie engagierten sich so sehr, dass ich ihnen nur viele schöne Erlebnisse mit Eichhörnchen wünschen kann. Mein Dank gilt auch Johann Brandstetter, der die gewünschten Illustrationen so treffend fertigte, als ob all die Hörnchen bei ihm Modell gesessen hätten. Die für das Schreiben nötige Atmosphäre und Ruhe gewährleistete meine Frau Miki Sakamoto-Reichholf. Herzlichsten Dank dafür!

Josef H. Reichholf, Juni 2019

Literatur

Auf umfangreiches Zitieren der speziell wissenschaftlichen Veröffentlichungen wurde im Hinblick auf Ausrichtung und Lesbarkeit des Buches verzichtet. Einen fast aktuellen Stand bietet die ausgezeichnete Monografie über das Eichhörnchen von Stefan Bosch und Peter Lurz. Sie ist auch die beste Quelle für Detailinformationen zum Eichhörnchen. In der Literaturliste aufgeführt sind alle im Text zitierten Quellen.

Alber, Birte & Carsten Cording, *Eichhörnchen entdecken*. Hamburg 2014.

Bauer, Hans-Günther & Peter Berthold, *Die Brutvögel Mitteleuropas*. Wiesbaden 1996.

Bosch, Stefan & Peter W. W. Lurz, *Das Eichhörnchen*. Magdeburg 2015.

Boyle, Leofric (Hg.), *The RSPCA Book of British Mammals*. London 1981.

Brockman, C. Frank, *Trees of North America*. New York 1968.

Burt, William Henry, *A Field Guide to the Mammals. North America North of Mexico*. Boston 1980.

Corbet, Gordon & Denys Ovendon, *Pareys Buch der Säugetiere*. Hamburg 1982.

Corbet, Gordon & Henry Neville Southern (Hg.), *The Handbook of British Mammals*. Oxford 1996.

Düll, Ruprecht & Herfried Kutzelnigg, *Taschenlexikon der Pflanzen Deutschlands und angrenzender Länder*. Wiebelsheim 2011.

Eibl-Eibesfeldt, Irenäus, »Beobachtungen zur Fortpflanzungsbiologie und Jugendentwicklung des Eichhörnchens«. *Zeitschrift für Tierpsychologie* 8 (1951): 370–400.

Flindt, Rainer, *Biologie in Zahlen*. Stuttgart 1985.

Görner, Martin & Hans Hackethal, *Säugetiere Europas*. Leipzig 1987.

Grzimek, Bernhard (Hg.), *Grzimeks Tierleben. Säugetiere*. Band 2. München 1993.

Gurnell, John, *The Natural History of Squirrels*. London 1987.

King, H. D., »Life processes in grey Norway rats during fourteen years in captivity«. *American Anatomical Memoirs* 17 (1939).
Koenig, Otto, *Rendezvous mit Tieren*. Wien 1965.
Lepra in britischen Eichhörnchen: Science, doi. 10.1126/science.aah3783
Melde, Manfred, *Raben- und Nebelkrähe*. Wittenberg 1984.
Niethammer, Jochen & Franz Krapp (Hg.), *Handbuch der Säugetiere Europas*. Bd. 1, Nagetiere 1. Wiesbaden 1978.
Ognew, Sergej I., *Säugetiere und ihre Welt*. Berlin 1959.
Reichholf, Josef H., *Comeback der Biber*. München 1993.
Reichholf, Josef H., *Die Zukunft der Arten*. München 2005.
Reichholf, Josef H., *Ornis. Das Leben der Vögel*. München 2014.
Reichholf, Josef H., »Eichhörnchensaga«. *Krachkultur* 18 (2017): 117–126.
Schwenke, Wolfgang, *Leitfaden der Forstzoologie und des Forstschutzes gegen Tiere*. Hamburg 1981.
Seybold, Korinna, *Haselmaus ganz nah*. München 2018.
Warnecke, Lisa, *Das Geheimnis der Winterschläfer*. München 2017.
Wells-Gosling, Nancy, *Flying Squirrels: Gliders in the Dark*. Smithsonian 1985.
Wieland, Rainer, *Buch der Tagebücher*. München 2010.
Wiltafsky, Herbert, *Die geographische Variation morphologischer Merkmale bei Sciurus vulgaris L.*, 1758. Köln 1973.
Wittenberg, J., »Freilanduntersuchungen zu Brutbiologie und Verhalten der Rabenkrähe *(Corvus c. corone)*. *Zool. Jb. Syst.* 95 (1968): 16–146, in: Melde (1984).

Register

Arten 117–122, 124, 127, 149, 152, 160–162, 172, 217 f.
Artenschutz 10 f., 40 f., 137, 157, 159 f., 162, 194, 211, 216, 218

Beweglichkeit 16, 18, 28, 32, 38 f., 86, 103, 112, 180, 182 f., 189, 196, 202
Biber 23 f., 43, 111, 122 f., 133–142, 149, 191, 202
Bilche 34, 122, 127, 167 f., 174, 203, 207

Capybara 24, 123

Eichelbohrer 55, 57, 71
Eichelhäher 54 f., 57 f., 64, 67–72, 86–88
Energie 30, 32–39, 44, 51–53, 55, 64, 74, 80 f., 85 f., 88, 91, 100–102, 132 f., 171 f., 174, 197 f., 200, 204, 206
Ernährung 32–39, 49, 51–54, 58–60, 74, 81–84, 101 f., 110 f., 129 f., 138 f., 146 f., 149, 152, 171 f., 174, 199, 201
Eulen 126, 168, 173

Fasane 154–156
Fellfärbung 104–106
Fichtenkreuzschnäbel 58, 64, 69 f.
Fledermäuse 170 f., 173, 203
Flughörnchen 122, 124–126, 147, 168, 174, 183
Fortbewegung 63, 83, 107–111, 198
Fortpflanzung 37, 49, 77–80, 84, 86–90, 102 f., 172, 174, 202
Fruchten der Bäume 61–64, 67, 70, 72 f., 75
Füchse 20, 77, 153–155, 173, 217
Fuchshörnchen 120, 144, 146 f., 152

Gebiss 22–24, 58 f., 135, 149, 189, 191
Geburt 45, 74, 80–82, 87 f., 92, 199, 201
Gewicht 26, 34 f., 52, 70, 80–82, 85–87, 123 f., 133 f., 146–148, 168, 187, 208
Gleithörnchen 124–126, 130 f., 168
Grauhörnchen 117, 120, 130 f., 143 f., 146–149, 152 f., 155–160
Greifvögel 126, 128, 155–157, 168

Habicht 20, 28, 50, 95, 126, 156 f.
Hamster 25, 40 f., 43, 128, 132 f., 203, 206
Haselmaus 43, 168, 207

Haselnussbohrer 71
Hermelin 119, 128, 153, 168
Holzbock 42

Iltis 128, 153

Körperbau 25 f., 85 f., 95, 114
Körperinnentemperatur 31, 85, 89, 91, 94, 201, 203 f.
Krankheiten 62, 75 f., 155, 158
Kulturfolger 50

Lebensdauer 88, 90–93
Lebensraum 46–50, 118, 128, 137, 144, 149, 153, 155, 180, 207

Marder 28, 41 f., 48, 50, 95, 97, 140, 149, 152–155, 168, 173
  Baummarder 20, 42, 106, 128, 149, 153, 156, 158
  Mauswiesel 119
  Steinmarder 154, 158
  Zobel 97, 168
Maus 20, 22–27, 40, 43 f., 47, 50, 59, 77, 83 f., 86, 107, 111 f., 119, 122 f., 128, 133 f., 154, 167 f., 173, 176, 189 f., 194
  Ährenmaus 40, 132 f.
  Feldmaus 40, 43
  Hausmaus 40, 130 f.
  Rötelmaus 43
  Zwergmaus 43, 130 f., 168
Meerschweinchen 25
Milchfütterung 9, 82, 176 f., 179, 199, 201
Murmeltier 24 f., 43 f., 83, 121, 128, 132 f., 204

Naturschutz 11
Nest 40–44, 74, 82 f., 88, 111, 128, 152, 176, 179, 214

Ordnung (Rodentia) 23, 122

Rabenkrähe 83, 87
Ratte 7, 20, 22, 25–27, 50, 77, 83–86, 88–90, 92–94, 112–114, 122 f., 134, 154, 167, 170, 194, 202
  Wanderratte 26, 84 f., 130 f., 169
Reh 25, 44 f., 77, 100, 107, 134, 211

Sauerstoffbedarf 31 f., 91 f.
Siebenschläfer 8, 10 f., 34, 39, 43, 53, 59, 85, 94, 126 f., 130 f., 160, 163, 167 f., 171, 174–194, 196–200, 202–204, 206–209, 212, 215
Stadt-Land 20, 49 f., 62 f., 75 f., 104, 158, 217

Tierschutz 10, 157, 194, 218
Torpor 174, 203, 205 f., 208

Vorrat 15, 34, 40, 53, 58, 72, 132, 139, 208, 213

Wärme 9, 31–33, 39, 82, 85, 91, 106, 134 f., 177, 200, 204 f.
Waschbär 41, 158, 217
Winterschlaf 34, 39, 94, 126 f., 132, 174, 187 f., 191 f., 198 f., 202–209

Ziesel 44, 83, 121, 127 f., 130, 132 f., 189, 203, 206 f.